버추얼 콘텐츠

메타버스 퓨처

버추얼 콘텐츠 메타버스 퓨처

초판 1쇄 인쇄 2021년 12월 20일
초판 1쇄 발행 2021년 12월 30일

–

지은이 고찬수
펴낸이 이방원
편 집 조상희 · 정조연 · 김명희 · 안효희 · 정우경 · 송원빈
디자인 박혜옥 · 손경화 · 양혜진
마케팅 최성수 · 김 준

–

펴낸곳 세창미디어
신고번호 제2013-000003호 **주소** 03736 서울특별시 서대문구 경기대로 58 경기빌딩 602호
전화 02-723-8660 **팩스** 02-720-4579 **이메일** edit@sechangpub.co.kr **홈페이지** http://www.sechangpub.co.kr
블로그 blog.naver.com/scpc1992 **페이스북** fb.me/Sechangofficial **인스타그램** @sechang_official

–

ISBN 978-89-5586-714-5 03500

고찬수 지음

버추얼 콘텐츠

VIRTUAL CONTENTS

메타버스

METAVERSE

퓨처

FUTURE

세창미디어
MEDIA

머리말

메타버스Metaverse 광풍이 점점 더 뜨거워지고 있다. 가상세계인 메타버스를 선점하는 기업이 미래의 인터넷을 장악하게 될 것이라 믿고 있는 세계적인 거대 기업들이 치열한 경쟁을 벌이고 있으며, 페이스북은 아예 사명을 '메타Meta'로 변경해 버렸다. 그러자 메타버스를 모르면 시대에 뒤떨어진 사람이고, 곧 찾아올 기회의 시간을 잡지 못해 큰 낭패를 볼지도 모른다는 생각에 너도나도 메타버스에 관심을 보이고 있다. 심지어 묻지마 투자를 하는 모습들도 나타나고 있다.

메타버스의 잠재력과 가능성을 조금 일찍 발견했던 나에게 지금의 이런 현상들이 반가운 것은 솔직히 사실이다. 메타버스에 대한 나의 의견들을 그저 소설 같은 공상으로 취급하던 사람들에게 뭔가 제대로 보여주었다는 쾌감을 느끼고 있으며, 모두의 관심사가 되어 버린 메타버스를 제대로 이해하고 있는 전문가라는 자부심도 가지게 되었다. 하지만 한편으로는 우려스러운 부분이 많은 것도 사실이다. 메타버스 광풍에 휩싸여 이미 10여 년 전에 한차례 실패를 경험했던 것을 그대로 반복하는 모습이 나타나려 하고 있기 때문이다. 기성세대의 호기심이 아닌 새로운 세대의 눈으로 메타버스를 받아들여야 실패를 반복하지 않을 수 있다.

다가오는 메타버스의 시대는 Z세대, 알파세대로 불리는 미래세대들이 만들어 가는 새로운 세상이다. 인류 최초로 사람이 아닌 스마트폰이라는 기계에 의해 양육된 미래세대들은 지금과는 다른 세상을 만들고 있다. 그들은 메타버스라는 가상세계를 현실의 일부로 인식하며, 인공지능을 소통의 상대로 받아들인다. 그들에게 메타버스는 새로운 기회의 공간이다.

이 책은 변화의 시대에 새로운 세상을 만들고 있는 미래세대들이 메타버스의 핵심 동력이라는 생각을 바탕으로 쓰였다. 이 책이 기성세대에게는 미래세대를 이해하는 기회가 되고, 미래세대에게는 새로운 세상을 만드는 용기를 줄 수 있기를 기대해 본다. 그리고 언제나 나에게 좋은 기운을 주는 아들 '동현'과 아내 '경아'에게 고마운 마음을 전하고 싶다.

차례

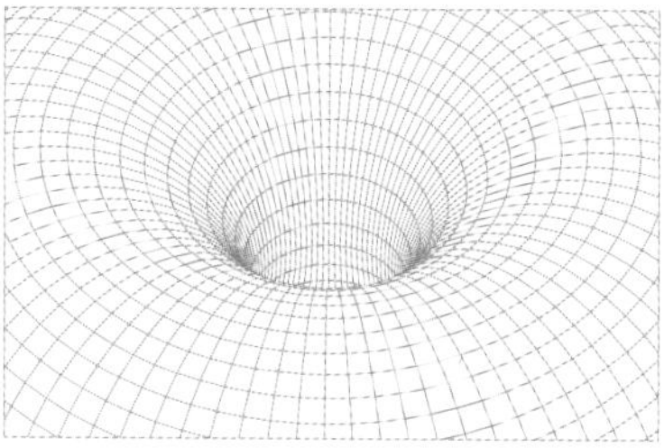

2장 메타버스 전국시대

3장 메타버스 콘텐츠

4장 NFT, 버추얼 휴먼 그리고 메타버스

5장 메타버스와 콘텐츠 산업의 미래

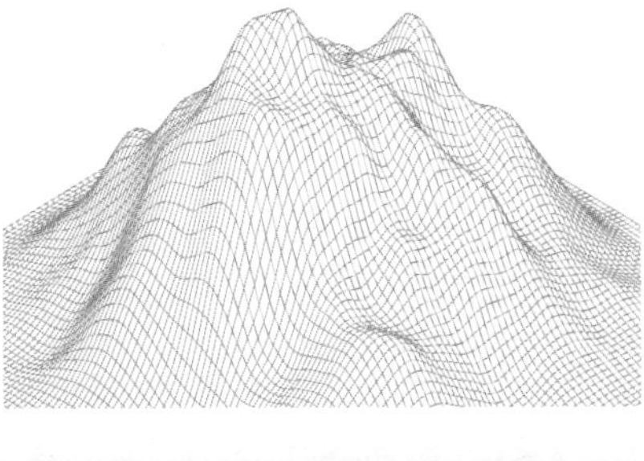

1장

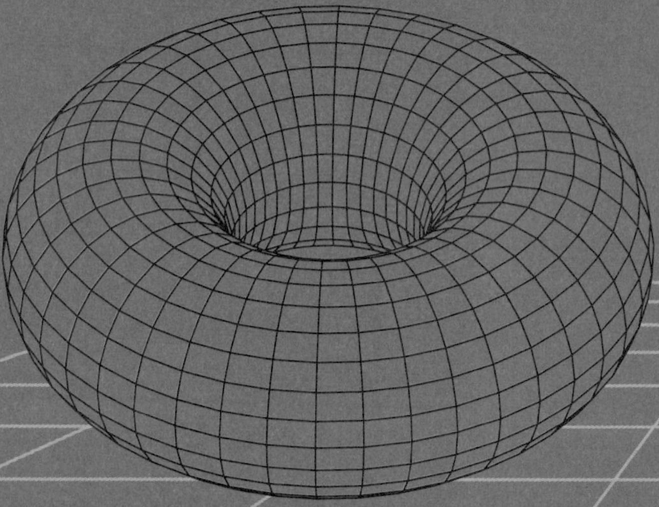

왜 '메타버스'인가?

1. 메타버스 열풍

1) 메타버스가 오고 있다

세계적인 컴퓨터그래픽카드(GPU) 제조사 '엔비디아NVIDIA'의 창업자이자 CEO 젠슨 황은 2020년 자사의 컨퍼런스에서 '메타버스가 오고 있다(The Metaverse is coming)'라는 흥미로운 발표를 했다. "지난 20년간 놀라운 일이 있었다면, 미래 20년은 공상과학(SF)영화에서 보던 일이 벌어질 것이다. 메타버스가 오고 있기 때문이다"라는 이야기로 '메타버스'에 대한 큰 관심을 표명한 것이다. 여기에 오래전부터 VR 기반의 메타버스에 관심을 두고 투자를 해 오던 페이스북의 CEO 마크 저커버그가 자신의 기업이 미래에는 메타버스 기반으로 완전하게 바뀌게 될 거라 선언하면서, 메타버스에 대한 열기는 더 커져 갔다. 이제는 메타버스와 직접적인 관련이 없어 보이는 기업들도 이 트렌드에 뛰어들고 싶어 하는 분위기가 만들어지게 되었다. 기업체 CEO는 메타버스 정도는 알고 있어야 미래를 준비하는 사람이라는 이미지를 가질 수 있고, 직원들은 그런 회사 분위기에 메타버스에 대해 공부를 해야만 한다. 관련 서적이 불티나게 팔리고, 메타버스 강연이 성황을 이루는 열풍이 나타난 것이다. 마치 이상적인 아이디어로 인터넷이 처음 세상에 등장한 후 사람들이 그 미래에 열광적으로 호응을 하던 시기의 열기를 다시 보는 듯한 폭발적인 반응이 나타나고 있다.

지금 인류는 인터넷 없이는 살 수 없는 환경에서 살아가고 있다. 그리고 우리는 인터넷이 막 시작되었을 때 다른 사람들보다 먼저 이곳에 투자하고 사업을 시작한 사람들이 엄청난 부를 가지게 되는 과정을 지켜봐 왔다. 그런데 이제 메타버스라는 것이 등장했고, 이것이 미래의 인터넷이라고 한다. 그러면 당신의 선택은 무엇일까? 아마도 셋 중의 하나가 아닐까? 첫째는 메타버스가 미래의 인터넷이 될 거라는 주장을 받아들이지 못하고 의심하는 것이다. 사실 메타버스가 과연 지금의 인터넷을 대체할 미래의 인터넷인가라는 질문에 그 누구도 정확한 답을 할 수는 없다. 미래의 일은 그저 예측할 수 있을 뿐이지 확언할 수는 없기 때문이다. 예측은 언제나 빗나갈 수 있고, 메타버스에 대한 젠슨 황과 저커버그의 이야기가 미래에 이루어지지 않을 수도 있다. 공상과학영화에서나 가능할 거라 생각했던 가상세계 이야기가 현실이 된다는 '메타버스'를 받아들이지 못하는 사람들이 많다는 것은 이상한 것이 아니다. 둘째는 메타버스에 대한 이러한 사람들의 이야기를 그저 가십처럼 듣고, 나와는 상관없는 일이라 여기는 것이다. 사실 인터넷 초창기 시절에도 거의 대부분의 사람들이 이러한 선택을 했다. 그때 사람들은 인터넷 이야기를 언론에서도 듣고 주변 사람들에게서도 들었다. 누군가는 큰돈을 벌었다는 전설적인 이야기도 들었고, 누구는 새롭게 사업을 시작했다는 말도 들었다. 하지만 그건 모두가 자신과는 관련이 없는 멀리 떨어져 있는 곳에서 일어나는 일이었다. 그리고 시간이 지나고 나자 모두가 인터넷을 사용하고 있었다. 아마 메타버스에 대한 대부분 사람들의 태도는 이것과 비슷할 것이다. 뭔가 큰 변화가 생긴다는 말들이 많이 있지만 그건 나와는 상관이 없는 다른 세상의 일인 것처럼 내 주위를 스쳐 지나갈 것이다. 그리고 만약에 정말 메타버스가 미래의 인터넷이 된다면 모두가 메타버스를 이용하며 살아가게 될 것이다. 지금의 우리가 인터넷 없이 살 수 없듯이, 미래의 인류에게 메타버스는 필수적인 무엇이 되어 있을 수도 있다. 물론 메타버스가 미래의 인터넷이 될 거라는 예측이 빗나가서, 아무런 행동도 하지 않고 그저 지켜보던 사람들이 현명한 선택을 한 것이 될 수도 있다. 미래는 그 누구도 알 수 없는 것이니까. 셋째는 메타버스에 적극적으로 뛰어들어 보는 것이다. 여러분은 메타버스의 미래를 긍정적으로 설파하는 에반젤리스트가 될 수도 있고, 메타버스 관련 기업에 투자하는 투자자가 될 수도 있으며, 메타버스 서비스를 제공하는 회사나 메타버스 플랫폼을 만드는 기업을 창업할 수도 있을 것이다. 이러한 도전이 꼭 성공하리라는 보장은 없다. 모든 것을 다 걸고 도전했지만 처참하게 실패할 수도 있다. 하지만 만약 메타버스가 미래의 인터넷이 된다면 도전한 사람들은 엄청난 보상을 받게 될 것이다.

'메타버스가 오고 있다(The Metaverse is coming)'는 이 말을 누군가는 의심스러운 눈초리로, 또 누군가는 그저 멍하니, 그리고 누군가는 새로운 도전을 준비하는 마음으로 받아들인다. 지금 불고 있는 메타버스 열풍은 과연 인터넷 시대를 새롭게 여는 진짜 혁신을 가져오게 될까?

2) 국내 기업들도 뛰어든 메타버스 열풍

새로운 것을 적극적으로 받아들이고, 빠르게 적응하는 한국은 메타버스에 대한 반응도 상당히 빠른 편이다. 초기에는 한국의 상황에 맞는 메타버스 전략을 세우기가 쉽지 않아서 관망하는 분위기도 있었지만, 모 정부 부처에서 누구도 생각지 못한 과감한 시도를 함으로써 그 분위기가 급반전되는 계기가 만들어지게 되었다. 그동안 실감형 미디어 기술이라는 이름으로 육성해 오던 VR(가상현실), AR(증강현실), XR(확장현실) 기술에 갑자기 메타버스라는 용어를 사용한 것이다. 메타버스에 대한 정의가 아직 공감대를 만들지 못하고 있던 상황에서의 이러한 과감한 시도는 많은 관련 업계 사람들과 전문가들을 당황하게 만들었다. 하지만 뭐 완전히 틀린 것도 아니었기에 그저 앞으로의 전개를 지켜보자는 분위기였는데, 놀랍게도 이러한 시도가 그동안 지지부진하던 실감형 미디어 업계에 엄청난 활기를 불어넣으며 과열을 걱정해야 하는 상황까지 만들어 내게 되었다. 이것은 실체가 불분명하던 메타버스에 VR, AR, XR 등, 기존에 이미 일정 수준으로 개발이 되어 있던 내용들이 연결되면서 일종의 시너지 효과가 나타난 것이라 할 수 있겠다. 당시 메타버스의 정의로 가장 많이 인용되고 있던 미국의 저명한 미래기술연구단체 ASF(Acceleration Studies Foundation)의 자료에도 메타버스를 증강현실(AR), 라이프 로깅, 거울세계, 가상세계 등 네 가지 유형으로 구분하고 있었기 때문에, 실감형 미디어의 하나였던 VR/AR 관련 세미나를 메타버스 행사로 소개한 것이 완전히 잘못된 것이라고 말할 수는 없다. 이렇듯 국내 실감형 미디어 관련 기업들에게는 관심과 투자가 밀려드는 기분 좋은 일이 일어났으니 성공한 정책이라고 해야 할지도 모르겠다.

한번 불이 당겨지자 국내 기업들의 메타버스 열풍은 더 뜨겁게 달아올랐다. 새로운 서비스인 메타버스에 대한 관심은 젊은 소비자들에게서 높을 수밖에 없기 때문에, 메타버스 공간에서 서비스를 제공하는 도전적인 시도들은 주로 10대인 Z세대들을 겨냥하고 있다. 편의점 CU가 제페토ZEPETO 내의 인기 장소인 가상 한강공원에 가상 편의점 'CU 제페토 한강공원점'을 열었고, 구찌, 루이비통, 나이키, 컨버스 등 패션 회사들도 제페토의 젊은 유저들을 겨냥하여 가상공간의 아바타에게 자신들의 패션 제품을 입힐 수 있도록 가상 패션 제품을 서비스하고 있다. 그리고 현대자동차는 '제페토' 속에 가상공간인 다운타운과 드라이빙 존을 만들고 쏘나타 N 라인을 아바타들이 시승할 수 있도록 하여 업계 최초로 메타버스 플랫폼에서 차량을 구현해 시승 경험을 제공한 회사가 됐다. 또한, 젊은 유권자들을 사로잡으려는 경쟁으로 김두관, 박용진, 원희룡, 이낙연 등 정치인들도 앞다투어 메타버스 공간을 자신의 홍보에 적극적으로 활용하는 모습을 보였다.

국내 메타버스 플랫폼으로 가장 각광을 받고 있는 서비스는 '제페토'로, 이곳의 서비스를 이용하여 기업들이 메타버스를 적용하는 사례가 가장 많이 나타나고 있다. 그런데 제페토에 자사의 메타버스 서비스를 구현했다는 홍보성 뉴스는 많지만, 그러고 나서 효과가 어땠는지를 말하는 곳은 별로 없어 보인다. 아직까지는 메타버스 서비스에 대한 소비자들의 반응이 거의 나타나고 있지 않기 때문이다. 유튜브 영상 조회수가 수십만에서 수천만 뷰가 일반적으로 나오는 지금, 메타버스 구축을 위해 들이는 노력이나 지출에 비해 효과가 너무 미미하다는 생각이 들지 않을 수 없다. 하지만 이런 미미한 효과에도 불구하고, 메타버스에 대한 국내 기업들이나 지자체들의 관심은 오히려 더욱 높아져만 가고 있다.

그리고 특이하게도 국내에서 메타버스에 가장 적극적인 관심을 보이고 있는 분야 중 하나가 금융으로, 거의 모든 기업들이 메타버스 관련 프로젝트를 진행하고 있을 정도다. 대표적인 사례를 보자면, 하나은행이 '인천 청라 하나은행 연수원'의 구조와 외형을 그대로 담은 가상 연수원을 제페토 내에 만들고 이곳에서 신입 행원들의 멘토링 프로그램 수료식을 진행하였고, 국민은행은 메타버스 기반 협업 플랫폼 '게더타운Gather Town'에 가상 영업점을 오픈하여 고객 체험관을 개설하는 사업을 추진 중이다. 이외에도 거의 모든 은행, 카드사, 증권사 등에서 메타버스 관련 사업들이 진행되고 있다. 보수적인 문화를 가진 것으로 알려진 금융권의 이러한 움직임이 역설적으로 국내 메타버스 열기가 어느 정도인지를 느껴지게 한다. 10대나 20대 고객 비중이 상대적으로 적은 금융 기업이 이런 적극적인 모습을 보이고 있는 것은 인터넷전문은행(K뱅크, 카카오뱅크, 토스 등)에게 미래의 시장을 잠식당할 수 있다는 우려감에서인 듯 보인다. 여기에 금융사들이 기존의 보수적인 이미지에서 벗어나 혁신적인 모습을 보여 주려고 하는 전략도 메타버스에 대한 적극적인 행보를 촉진하는 요인이 되고 있다. 각 금융사의 CEO들은 메타버스를 미래의 혁신 방향으로 강조하며 마치 본인이 미래지향적인 경영인이라는 것을 사원들에게 보여 주려고 하는 것 같다. 아마도 이들은 가상 영업점을 만들고 메타버스 플랫폼에서 회의를 진행하는 것으로 자신들이 얼마나 미래 금융 시장에서의 경쟁력을 고민하고 있는지를 보여 줄 수 있을 거라 판단하고 있는 듯하다. 한때 인공지능, 블록체인 기술이 지니고 있던 미래지향적 이미지가 이제는 '메타버스'에게 넘어왔다. 인공지능이나 블록체인은 이제 더 이상 새로운 이미지를 만들어 주는 혁신기술이 아니다. 메타버스 정도는 얘기해 주어야 앞서가는 사람으로 보일 수 있는 것이다.

물론 이러한 모습이 꼭 부정적인 것만은 아니다. 새로운 혁신기술은 언제나 장밋빛 전망으로 거품을 만든 후, 냉각기를 거치고 나서야 그 진가를 발휘하며 우리 생활을 변화시키는 기반 기술로 자리를 잡는다. 메타버스에게 지금은 장밋빛 전망의 시기이다. 열풍이 불고 사람들이 열광하며 돈이 모이고 사람들이 몰려든다. 이런 과정을 거쳐 메타버스에 인재와 자금이 만들어지고, 머릿속으로만 생각되던 메타버스의 실체가 조금씩 구현되며, 그 뼈대가 만들어지게 될 것이다. 혁신을 위한 장밋빛 전망은 그런 면에서 필요악이다. 많은 재원과 사람을 빨아들이는 힘을 만들어 내기 위해서는 장밋빛 전망의 시기도 꼭 필요한 시간인 것이다. 물론 이런 장밋빛 전망의 시기가 마냥 오래갈 수는 없다. 그 뒤에는 항상 추운 겨울이 찾아오며, 이것을 버텨 내야만 혁신을 이뤄 낼 수가 있다. 겨울이 오면 우리는 뜨거웠던 열정을 조금 낮추고 어려운 시기를 견뎌 내야 한다. 이런 반복적인 사이클을 통해 지금의 인터넷 혁명이나 인공지능 혁명이 만들어졌고 인류는 진화해 왔다. 사실 메타버스 열풍도 지금이 처음은 아니다. 이미 10여 년 전 '세컨드 라이프Second Life'라는 최초의 메타버스 서비스가 짧은 기간이었지만 엄청난 열풍을 불러 모았고, 바로 냉각기를 맞았던 역사가 있었다. 그때의 현상을 다시 잘 들여다보면 오늘의 메타버스 열풍을 조금 더 지혜롭게 대할 수 있을 것이다.

2. 최초의 메타버스 세컨드 라이프Second Life의 성공과 몰락

1) 세컨드 라이프 성공 스토리

메타버스의 모습을 가장 먼저 구현한 서비스로 알려져 있는 '세컨드 라이프'. 그 시작은 미국의 SF 소설가인 '닐 스티븐슨Neal Stephenson'의 1992년 소설 『스노 크래시*Snow Crash*』부터이다. 이 소설에서 처음 사용된 단어인 '메타버스'는 초월을 의미하는 메타Meta와 세계를 의미하는 유니버스Universe의 합성어로, '아바타Avatar'라는 가상의 캐릭터가 인간이 만든 가상세계 '메타버스'에 들어가 활동한다는 설정이 스토리의 근간을 이루고 있다. 그리고 이 SF 소설에서 큰 영감을 받아, 도전 정신이 넘치는 젊은이가 10여 년 후에 만든 획기적인 서비스가 바로 세컨드 라이프였다.

'필립 로즈데일Philip Rosedale'이라는 이름의 청년이 구현해 낸 최초의 메타버스는 2~3년 정도의 시행착오 기간을 거쳐 말 그대로 대박이 났다. 미국광고연맹(The American Advertising Federation)이 2007년 발표한 보고서에서 2006년 미디어 시장에서 발생한 가장 놀라운 현상으로 '세컨드 라이프 돌풍'을 꼽았을 정도였으니 대단한 성공이라 하겠다. 초창기 서비스가 입소문이 나면서 알려지기 시작하자, 언론 매체에서 하나둘 세컨드 라이프를 취재하여 보도하면서 유명세를 탔고, 서비스 참여자가 전 세계적으로 증가하기 시작했다. 그리고 이러한 인기에 놀란 유명 기업들이 세컨드 라이프의 가상세계에 투자하기 시작하자 세컨드 라이프 열풍은 일반 대중에게까지 옮겨 가게 된다. 당시 세컨드 라이프에 관한 놀라운 성공 스토리들은 그 시절의 뉴스 기사들을 검색해 보면 금방 찾아볼 수 있는데, 세계 최고의 기업들이 이 서비스가 미래의 인터넷이 될 거라 판단하여 앞다투어 투자했다는 사실을 알 수 있게 된다. 2006~2007년에는 세컨드 라이프가 인터넷 초창기 때를 연상시키며, 대세가 될 수도 있으리라는 기대가 있었던 것이다.

세계적인 기업들 사이에서 이 미지의 사이버 신대륙에 일단 참여를 해 두어야겠다는 분위기가 만연했고, 마이크로소프트, 코카콜라, 인텔, 아디다스, IBM, 도요타 등의 기업들이 가상공간인 이곳 땅을 구입하고 자신들의 사무실을 만들었다. 기업의 CEO들은 자신들의 회사가 가상세계를 기반으로 발전해 갈 것이라 공언했고, 직원들이 이 가상공간에서 일하게 될 거라 생각했다. 언론사인 로이터 통신은 이곳에 아바타 기자를 상주시키며 취재했고, 영국의 공영방송 BBC는 세컨드 라이프 안에서 음악 페스티벌을 열기도 했다. 그리고 정치인들이 메타버스를 활용하는 것도 지금과 비슷한데, 당시 힐러리 대통령 후보가 세컨드 라이프 안에서 선거 유세를 하기도 했다. 국내에서의 반응도 뜨거웠다. 매일경제신문이 사옥을 세컨드 라이프 안에 그대로 재현하여 개설하였고, '버추얼 서울'이라는 가상부동산 프로젝트 사업의 일환으로 강남역 인근과 경회루가 만들어졌다.

세컨드 라이프의 이야기인데도 지금의 메타버스 열풍과 많이 닮아 있음을 알 수 있다. 이미 10여 년 전에도 우리는 가상세계에서 살아가는 꿈을 꾸었고, 이 비전이 큰돈이 된다고 생각해서 많은 기업들이 뛰어들었던 역사를 가지고 있는 것이다. 이미 비슷한 경험을 가지고 있기 때문에, 우리는 이 역사에서 지혜를 배울 수 있어야 한다. 물론 그때의 일들이 지금 그대로 반복되는 것은 아니다. 그 당시와는 다른 지금의 환경들에 대한 변수도 세심하게 고려되어야 한다. 과거를 제대로 알고, 그것에서 현재의 개선점을 찾아내는 작업이 필요하다. 지금의 메타버스 열풍은 그때처럼 1~2년 안에 사라져 버리지 않을 수도 있다. 기술이 그때와 비교할 수 없을 정도로 발전했고 가상공간에 대한 인류의 인식도 많이 변

세컨드 라이프 속 힐러리의 선거 유세(출처: 플리커, © I am R.)

했다. 그 당시 부족했던 점들을 잘 보충하면 지금의 메타버스 열풍으로 인류가 원하는 가상세계가 가까운 미래에 우리 앞에 구현될 수도 있으리라. 이런 이유에서 세컨드 라이프의 주요 특징과 전략에 대해 알아보는 것은 의미가 있는 일이라 생각된다.

2) 가상부동산과 부동산개발사업

세컨드 라이프를 만든 사람들은 이상주의자이기도 했지만 사업을 지속 가능하도록 하는 수익모델에 대해서도 많은 고민을 했다. 그들의 수익모델은 구독모델이었다. 이는 월 8달러의 회비를 내는 프리미엄 회원에게 가상부동산(땅과 집)과 월급(사이버머니)을 준다는 모델이다. 초기 이 사업의 성공은 얼마나 많은 프리미엄 회원(주민)을 확보하느냐에 달려 있었으므로, 가상부동산을 프리미엄 회원에게 우선적으로 부여하는 정책이 필요했던 것이다. 프리미엄 회원이 아닌 일반 회원도 누구나 자유롭게 세컨드 라이프에 입장하여 아바타로 돌아다니며 구경할 수 있었지만, 그들은 이 가상공동체의 진정한 주민이 아니라 구경꾼인 셈이었다. 프리미엄 회원은 자신이 받은 가상부동산을 원하는 대로 개발할 수 있었고, 이를 다른 아바타에게 팔 수도 있었다. 그리고 월급으로 받은 사이버머니인 '린든 달러(Linden Dollar / L$)'로 이 가상세계에서 다른 아바타들과의 상업활동이 가능했으며, 린든 달러를 지불하여 다른 아바타가 소유한 가상부동산을 구매할 수 있었다.

그런데 부동산은 현실세계나 가상세계 모두 위치에 따라 그 가치가 달라지는 특징이 있다. 서울 강남의 부동산과 지방의 부동산이 큰 가격 차를 보이는 것처럼 세컨드 라이프의 가상부동산도 이런 특성을 가지게 된 것이다. 각각의 가상부동산에는 통행량이라고 부르는 수치가 있었는데, 더 많은 이용자가 오랜 시간 머무를수록 이 통행량이 올라갔다. 통행량이 높은 땅은 같은 검색어를 넣더라도 상위에 표시되면서 더 많은 이용자들이 들어오게 되었고, 이에 따라 가상부동산의 가격 차이는 더욱 벌어졌다. 이렇게 가상부동산이 그 위치에 따라 가격이 달라지자 이것을 활용해 통행량이 낮은 토지를 저렴하게 구매한 뒤 개발하고 통행량 수치를 높여서 비싸게 임대를 주거나 되파는 방식으로 큰돈을 버는 부동산 사업이 세컨드 라이프에서 호황을 누리게 된다. 세계 최고 기업들이 너도나도 세컨드 라이프의 좋은 자리에 자사의 가상 사무소를 세우려고 하는 모습에서 사람들은 세컨드 라이프가 미래의 인터넷으로 진화하면서 큰돈을 만들어 주게 될 거라 확신하기 시작한 것이다.

이러한 현상은 인터넷이 대세가 되면서 모두가 외우기 쉬운 도메인 이름(인터넷 주소)의 가격이 몇 억씩 하던 모습과 유사한 양상을 보였다. 인터넷 열풍이 한창이던 2000년 1월 당시, 한국의 초고속인터넷망 서비스업체인 두루넷이 '코리아닷컴(korea.com)'이라는 인터넷 도메인 이름을 500만 달러(약 57억 원)에 매입하는 일이 있었다. 이 액수는 미국의 비즈니스닷컴이 750만 달러에 팔린 것에 이어 세계에서 두 번째로 비싼 값이었다고 하니, 인터넷 주소에 대한 투자에 당시 사람들이 얼마나 적극적이었는지를 보여 준다 하겠다. 인터넷으로 정보가 범람하고 있는 만큼, 도메인 이름이 복잡하면 이용이 어렵다면서 코리아닷컴이라는 도메인은 세계 네티즌에게 한국을 쉽게 알릴 수 있는 효과적인 이름이 될 것이기 때문에 500만 달러의 매매가는 비싸지 않다고 판단했다는 것이 당시 두루넷 CEO의 발언이었다.

가상부동산이 돈이 되는 모습을 본 눈치 빠른 사람들은 이제 새로운 기회의 땅이 된 세컨드 라이프에 뛰어들어 부동산개발을 본격적으로 시도하게 된다. 세컨드 라이프 운영사인 '린든 랩'에서도 이러한 부동산 광풍을 자신들의 수익과 연결하려는 전략을 발 빠르게 세워 나간다. 그들은 가상세계에 '디벨로퍼(부동산개발) 공인인증제도'까지 만들어 가상부동산개발을 관리하기 시작했다. 그 결과 가상부동산개발이 전문화되고 기업화되면서 이 공간이 제2의 신대륙처럼 여겨지게 되었고, 먼저 선점해서 이 가상의 공간에서 성공하려는 경쟁이 더욱 치열해졌다. 그리고 '앤시 청Anshe Chung'이라는 이름의 아바타가 가상부동산개발로 백만장자가 되는 초유의 사건도 일어나게 된다.

이런 가상세계 부동산개발사업이 최근의 메타버스 열풍에 따라 다시 재현되고 있다. 가장 유명한 곳이 '디센트럴랜드Decentraland'로, 과거 세컨드 라이프 가상부동산 열풍을 연상하게 한다. 이 프로젝트는 가상세계 부동산에 블록체인 기술을 연결하여 과거와는 다른 새로운 사업이라는 것을 어필하고 있는 중이다. (디센트럴랜드 이야기는 4장에서 조금 더 자세히 언급할 예정이다.)

3) 창작의 자유 그리고 가상경제

세컨드 라이프의 주민들은 창조된 가상세계의 주인으로 세컨드 라이프를 함께 만들어 가는 주체로 인정을 받는다. 땅은 운영사(린든 랩)에서만 만들 수 있지만, 그 이외의 모든 것은 주민들이 가상세계에서 창작할 수 있도록 했다. 사실 이 세계는 컴퓨터그래픽으로 만들어진 가상의 공간이다. 그러므로 컴퓨터그래픽에 대한 지식이 있고, 관련 툴을 조작할 수 있는 사람이라면 누구나 게임 속 어떤 것이라도 만들 수 있다. 물론 이 가상세계의 물적 토대가 되는 땅은 아무나 만들게 할 수 없으므로 불가능했지만 말이다.

세컨드 라이프 운영자들은 서비스 내에 '콘텐츠 생성 도구'를 갖춰두고 누구나 자신이 원하는 것을 가상세계 안에서 자유롭게 창작할 수 있도록 하였다. 세컨드 라이프는 마치 신대륙을 발견했을 때처럼 개발되지 않은 땅이 펼쳐져 있었고, 사용자들은 이 미개척지에 도착한 탐험대처럼 원하는 대로 모든 것을 창조해 낼 수 있었던 것이다. 세컨드 라이프를 만든 CEO 필립 로즈데일이 한 다음의 말은 바로 이런 세계관을 한마디로 표현해 준다 하겠다. "나는 게임을 만든 것이 아니라, 새로운 국가를 만든 것이다.(I'm not building a game, I'm building a new country.)"

사용자들에 의해 만들어진 창작물들은 창작자에게 그 소유권을 인정했기에, 가상세계 내에서의 판매가 가능했다. 즉, 가상자산이라는 개념이 만들어져 있었던 것이다. 가구, 의류 등 부동산을 제외한 모든 것의 창작이 가능했고, 이런 창작 행위를 통해 소유권을 획득하고 이를 판매하는 가상경제 시스템이 만들어졌다. 디지털 자산의 생성, 취득, 소유,

판매 등에 대한 자유가 보장되었던 세컨드 라이프는 지금의 기준으로 판단해 봐도 상당히 혁신적인 서비스였다. 여기에 가상공간에서의 독립된 경제체제와 가상화폐를 가지고 있었으니 정말 대단했다는 생각이 든다. 또한, 자체 화폐(사이버머니)인 '린든 달러'에 'LindeX'라는 화폐 거래소까지 두고 있어서 미국 달러 및 기타 현지 통화를 사용하여 린든 달러를 구매할 수 있도록 해 두어 마치 독립된 하나의 국가처럼 독자적인 경제 시스템을 갖추고 있었다. 이런 경제 시스템이 만들어지고, 가상부동산개발 붐이 불게 되자, 게임 내에 회사들이 설립되고, 아바타를 고용하여 그 회사에서 일을 한 대가로 '린든 달러'를 월급으로 주기도 했다. 회사에서 일하거나 자영업으로 린든 달러를 벌게 되면, 그 돈으로 아바타에게 입힐 의상을 구입하고 가상세계 집의 가구나 전자제품을 사기도 했는데, 이런 물품들은 가상세계의 다른 참여자들이 저작 도구로 만든 것이었다.

4) 아바타의 자유

세컨드 라이프에 접속한 사용자는 먼저 자신의 분신인 아바타를 만들 것을 요구받는다. 그런데 원하는 아바타를 선택하여 처음 세컨드 라이프 게임 속을 돌아다닌 사용자들은 도대체 무엇을 해야 할지 몰라 당황했다. 일반적인 게임은 그 게임 안에서 해야 할 목적이 정해져 있다. 대부분은 게임 속 적을 이기고 최종 승자가 되는 것이 목적이다. 그런데 세컨드 라이프는 다르다. 누군가를 이겨야 하는 것이 아니다. 키보드를 움직여 게임 속 가상세계를 걸어 보고 탐험을 하는 것이 이 서비스의 시작이다. 그러고는 서서히 알게 된다. 이 게임에서는 참여자에게 무한의 자유를 주고 있다는 것을. 게임 속을 돌아다니다가 만나는 다른 아바타들과 대화를 하는 것을 시작으로 이제 조금씩 가상세계의 일원으로 자리를 잡게 된다. '오픈 월드 게임'이라 불리는 이런 종류의 게임은 게임 이용자에게 무한의 자유를 준다. 그가 게임 속에서 무엇을 해야 하는가는 정해진 것이 없다. 무한의 자유가 주어지는 이런 게임들이 가진 가장 큰 문제점은 게임 이용자가 게임에서 재미 요소를 찾는 것이 쉽지는 않다는 것에 있다. 무엇을 해도 된다고 하지만 무엇을 할 수 있는지조차 모르는 상태라면 그저 지루한 공허로 느껴질 수도 있기 때문이다. 이런 문제에도 불구하고 세컨드 라이프 운영진들은 왜 이런 서비스를 만들었을까?

세컨드 라이프의 현실 속 롤 모델은 '버닝 맨Burning Man'이라는 행사였다. '버닝 맨'은 매년 8월 마지막 주에 미국 네바다의 블랙록 사막에서 개최되는 행사이다. 1년에 한 번, 9일간 축제가 열리는 이곳을 가상의 도시 블랙록시티Black Rock City라고 하는데, 참가자들은 그 기간 동안 공동생활을 하며 자신을 마음껏 표현하는 극한의 자유를 만끽할 수 있다. 인터넷 검색으로 이 행사의 영상들을 찾아보면 그 분위기를 어느 정도는 파악할 수 있지만, 참여를 했던 사람들은 실제로 가 보지 않고는 표현하기 어려운 엄청난 에너지가 가득한 행사라고 한다. 일반 사람들은 참여하기 어려운 전위적인 행사로 알려져 있기도 해서, 신비감이 드는 행사이기도 하다. 약 8만 명 정도가 매년 이 신비한 축제를 즐기기 위해 전 세계에서 모이고 있다. 이 행사의 하이라이트인 사람 모양의 조형물 '더 맨The Man'을 소각하는 것으로 행사는 끝나지만, 여기에 참여했던 사람들의 마음속에서는 뭔지 모를 새로운 자유가 자라난다고 한다. 이 축제는 '빅 식스Big Six'라고 하는 여섯 가지의 금지 사항을 제외하고는 모든 것이 자유로운 일종의 해방구 같은 성격을 가진다.

빅 식스Big Six
1. 인종, 종교, 성별 등과 관련된 경멸적이거나 품위를 손상시키는 행위 2. 협박 등 상대를 의도적으로 괴롭히는 행위 3. 비전투 지역에서 상대의 동의 없이 공격하는 행위 4. 공개하지 않은 개인정보를 알려 주는 행위 5. 청소년 보호 지역에서의 외설적인 행위 6. 다른 사람의 평화를 방해하는 행위

'버닝 맨'이라는 이 새로운 세계에 처음 참여한 사람들은 조심스럽게 먼저 사방을 둘러본다. 새로운 세계를 둘러보며 탐험에 나서는 것이다. 그러고는 만나게 되는 다른 행사 참여자들과 자연스럽게 대화하게 된다. 이제 새로운 환경에 조금씩 적응이 되고, 주변 참여자들과도 편해지면서 자신의 진정한 모습을 보여 주게 되는 것이다. 미술 작품 등 자신의 창작물을 사람들에게 보여 주고, 자신의 노래 솜씨를 사람들 앞에 뽐내본다. 이렇게 많은 사람들이 만나서 각자의 모습을 보여 주고 작품을 만들어 전시를 하게 되면 아주 자연스럽게 물물교환 행위가 나타나고 이런 교류가 커지면서 경제활동이 일어난다. 이제 자율적으로 참여자 모두가 (일부 금지된 행위를 제외하고는) 무한의 자유를 누리며 '버닝 맨' 커뮤니티의 일원이 되는 것이다.

이런 '버닝 맨' 행사의 모습을 가상세계에 구현하려 했던 것이 바로 세컨드 라이프였다. 세컨드 라이프는 버닝 맨을 사람들이 원하는 것은 무엇이든 할 수 있는 온라인 세상의 템플릿이라고 생각했으며, 이 축제를 모델로 새로운 가상세계인 '메타버스'를 만들고자 했다. 세컨드 라이프는 사용자가 꿈꾸는 모든 것을 할 수 있도록 만들어졌다고 한다. 가상의 세계에서 친구나 애인을 사귀는 것도 가능했고, 가상세계를 순간 이동으로 여행할 수도 있었다. 세컨드 라이프 안에 설치돼 있는 콘텐츠 개발 도구를 이용하여 어떠한 물건이든 만들 수 있고 이를 판매할 수도 있다. 땅을 사서 자신이 원하는 빌딩을 짓는 것도 가능하다. 게임의 이용자는 이 가상현실 속에서 콘텐츠 개발 도구를 이용하여 창조주와 같은 능력을 발휘할 수 있었다. 그 무엇이든 가상세계 속에서 만들어 낼 수 있기 때문에, 세컨드 라이프는 참여자들이 만들어 가는 새로운 세상이었다. 공동체 참여자들이 그 공동체의 모습을 자율적으로 만들어 가는 것이 바로 세컨드 라이프의 궁극적인 목표라고 할 수 있다.

5) 세컨드 라이프의 몰락

그런데 열성적인 프리미엄 회원들의 노력과 언론의 관심, 그리고 이어진 기업들의 투자에도 불구하고, 대다수의 이용자들에게 이 서비스는 너무 불편했다. 우선 언론에서 얘기를 듣고 우연히 방문한 사람들은 서비스에 입장한 후 무엇을 어떻게 해야 하는지 '멘붕'에 빠지는 경험을 하게 됐다. 세컨드 라이프 공동체에 적극적으로 참여하여 콘텐츠를 창작하고 표현하는 이용자들에게는 너무나 흥미 있는 서비스였지만, 처음 경험을 하는 일반인들에겐 새로운 서비스에 대한 학습이 필요했다. 하지만 그곳에서 무엇을 해야 하는지에 대한 뚜렷한 목적이 없는 사람들 입장에서는 굳이 뭔가를 배우면서까지 그곳에 머물러야 할 이유가 없었다. 이것이 세컨드 라이프의 가장 큰 문제점이었다. 세컨드 라이프에 로그인하면 처음에는 간단한 조작 방법을 숙지할 수 있도록 하는 가이드가 있지만, 그 후로는 게임 참여자들이 무얼 하든 내버려 두었기에 대부분의 사용자들은 환경에 익숙해지기 전까지는 막막하고 답답한 기분을 느껴야만 했다. '이게 뭐 하는 거지?' 하는 궁금증이 생겨 무엇을 해 보려고 해도, 처음 방문한 사람들은 도대체 뭘 해야 하는지를 몰랐다. 대부분의 세컨드 라이프 이용자들은 그저 호기심에 등록만 한 경우가 많았고, 처음 게임에 들어왔다가 무얼 해야 하는지 모르는 시간을 견디지 못하고 서비스 이용을 포기해 버렸다. 사실 이 서비스는 그곳에서 사용하는 용어를 따로 공부해야 할 정도로 미리 알아야 할 지식들이 많다. 그걸 다 공부하면서 세컨드 라이프를 이용하는 열성 이용자들은 소수일 수밖에 없었던 것이다. 온라인에서 사람들을 만나서 교류하기에는 조작이 불편한 세컨드 라이프보다 마이 스페이스나 페이스북 등의 소셜 서비스가 더 경쟁력이 있었기에, 하나둘 이용자들이 서비스를 떠나게 되었다. 결국 초기의 폭발적인 관심은 호기심 이상의 더 큰 기대를 충족시켜 주지 못하자 금세 사라져 버렸다.

세컨드 라이프는 지금의 페이스북 서비스를 3D 그래픽 환경으로 제공한 것이라고 할 수 있을 것이다. 당시로서는 상당히 선도적인 실험이었고 짧지만 강렬한 성공까지 했던 기념비적인 서비스였다고 평가할 수 있을 것이다. 하지만 그 영광은 과거의 일로, 지금의 젊은 세대들은 세컨드 라이프를 아예 모르는 경우가 대부분이다. 세컨드 라이프 경영진들은 여전히 기회를 노리며 서비스를 계속하고 있지만 과거의 영광을 재현하는 것은 어려워 보인다. 하지만 그럼에도 불구하고 이 서비스는 최초로 '메타버스' 서비스를 구현했으며, '메타버스'가 보여 줘야 하는 특징들을 거의 모두 갖추고 있었기에, 기억할 만한 충분한 의미를 가지고 있다. 또한 1~2년간의 시행착오를 거치며 메타버스 운영 노하우를 습득한 인적 자원을 배출한 곳이기도 하다. 우리는 실패에서 많은 것을 배울 수 있다. 세컨드 라이프가 경험한 시행착오들은 지금 다시 막 불어오는 메타버스 열풍을 우리가 지혜롭게 받아들일 수 있도록 해 줄 수도 있다.

3. 왜 지금 다시 메타버스 열풍인가?

1) 메타버스의 부활

세컨드 라이프의 짧지만 강렬했던 성공 스토리는 이제 대부분의 사람들 기억 속에서 사라졌고, 그저 그 당시 언론사들의 뉴스에 흔적들이 남아 있을 뿐이다. 강산이 변한다는 10년도 훨씬 더 지나 버렸기에 지금의 세대들은 그런 것이 있었는지조차 인지하지 못한다. 그런데 10여 년이 지난 지금, 게임과 VR 분야를 선두로 최근 이 '메타버스'라는 용어가 다시 언론에 자주 등장하고 있다. 그리고 유명 게임업체와 VR 기업의 대표들이 너도나도 '메타버스'가 자신들의 궁극적인 목표라고 얘기하고 있다. 심지어 스마트폰 이후의 차세대 킬러 서비스로 '메타버스'가 소개되기도 한다. 무슨 일이 생긴 것인가?

전문가들은 2020년 코로나 사태로 비대면 환경이 필요해졌고, 인터넷을 이용한 가상공간에서의 회의나 미팅 그리고 공연에 대한 관심이 폭발하면서 메타버스가 중요한 개념으로 등장하게 되었다고 말한다. 현실세계가 바이러스로 소통이 어려워지자 사람들이 가상의 공간을 활용한 소통과 가상세계에서의 콘텐츠 소비에 관심을 가지게 되었다고 진단하는 것이다. 그렇다. 코로나 사태는 정말 인류의 역사에 엄청난 변곡점을 만들어 낸 사건이다. 이전의 인류와 이후의 인류를 확연하게 구분 짓게 될 것이며, 인간의 행동패턴이 크게 달라져야 할 정도로 코로나 사태의 영향력은 엄청날 것으로 모두가 믿고 있다.

그런데 필자는 약간은 다른 생각을 가지고 있다. 비대면 환경이 필요해지면서 많은 관련 서비스들이 비약적으로 발전하는 계기가 만들어졌지만, 메타버스의 부활은 그것과는 다른 이유가 있다고 판단하는 것이다. 온라인이라는 비대면 소통 플랫폼의 활성화와 메타버스는 일정 정도의 연관성이 있을 뿐 다른 점이 너무 많다. 줌Zoom 같은 온라인 대화 협업 툴을 메타버스의 범주 안에 넣어서 설명하는 경우가 많지만 이것들은 아바타라는 나의 대리인으로 새로운 가상세계에서 소통을 하는 메타버스와는 다르다. 그리고 메타버스라는 용어가 다시 부각된 시점이 코로나 사태가 나타나기 전이라는 것도 메타버스와 지금의 비대면 상황이 필요충분조건으로 연결되어 있지는 않다는 것을 보여 준다. 물론 하나의 커다란 기폭제로 작용하고 있는 것은 사실이지만, 더 근원적인 요인이 존재한다는 것을 알 수 있다.

2) 미래세대가 온다

필자의 판단으로는, 메타버스가 다시 조명받게 된 가장 큰 요인은 바로 우리의 미래세대들이다. 가상세계를 현실의 일부분처럼 받아들이는 Z세대들의 콘텐츠 소비 패턴이 더해지면서 메타버스가 지금 다시 가장 뜨거운 트렌드로 주목받게 된 것이다. 2020년, 메타버스에 대한 얘기가 미국 시장을 위주로 다시 거론된 것에는 미국 10대들의 온라인, 모바일 앱 사용에 대한 행태를 분석한 자료들이 바탕이 되어 있었다. 미국 10대들에게 페이스북이나 인스타그램은 이제 어른들이나 쓰는 구시대적인 것으로 생각되고 있다는 것이다. 부모들의 눈을 피하기 위해서, 그리고 자기 또래들의 은밀한 결속을 위해서 그들은 자신들만이 사용하는 메시징 앱을 찾아내서 쓰려는 행태를 보였고, 이런 그들에게 가장 알맞은 메시징 앱은 바로 게임과 연결되어 있는 채팅 앱이었다.

게임 중에 온라인으로 연결되어 있는 다수의 사람이 서로 하나의 가상공간에서 게임을 할 수 있는 MMORPG라는 장르는 꽤 오래전부터 크게 사랑을 받고 있었다. MMORPG 게임에 같은 시간, 다른 장소에서 접속한 친구들은 마치 하나의 공간에 같이 모여 놀이를 하는 것 같은 결속력을 가질 수 있는데, 이러한 게임 속에서 10대들은 문자와 음성으로 채팅을 하며 서로 소통하는 것이 아주 자연스러운 그들만의 놀이 방식인 셈이다. 친구들에게 가장 인기가 있는 게임을 같이 하면서 서로 소통하는 것이 바로 미래세대인 10대들의 방식이다. 그러므로 자연스럽게 가장 인기가 있는 게임은 10대들의 채팅 앱으로서의 기능도 함께 수행하고 있는 것이다.

전 세계 게임 이용자가 2020년에 3억 5천만 명을 넘어선 인기 게임 '포트나이트Fortnite'는 미국 10~17세 청소년의 40%가 매주 한 번 이상 접속해 전체 여가 시간의 25%를 보낸다고 한다. 미국의 10대들에게 이 게임은 단순한 놀이가 아니라 또래들과의 소통을 위한 플랫폼 역할을 하고 있는 것이다. 그래서 이 게임은 SNS 서비스인 페이스북과 비교가 되고 있다. 미국의 10대들에게는 이 게임이 페이스북에서 제공하는 기능을 수행하고 있다고 여겨지기 때문이다. 이런 10대들의 소통 방식 변화가 바로 10여 년이 넘도록 폐기되어 있던 단어인 '메타버스'를 부활시킨 일등 공신이다. 전체 여가 시간의 25%를 포트나이트 게임에 접속하고 있는 미국의 10대들이 40%라는 자료를 보고 전문가들은 이 게임이 미래 세대들의 SNS가 될 거라는 예측을 하게 된 것이고, 그런 예측을 바탕으로 이제 우리의 미래세대는 게임 같은 3D 그래픽 환경의 인터넷을 자연스럽게 이용하는 최초의 인류가 되겠구나 하는 생각을 하게 된 것이다.

3) 전쟁게임 속 평화지대 파티로얄Party Royale

현재 전 세계적으로 가장 많은 이용자를 보유하고 있는 게임 '포트나이트'에는 전투게임과는 어울리지 않는 영역이 존재한다. 가상의 공간에서 전투를 하는 배틀게임에 총을 쓸 수 없고 공격적인 행위가 금지되는 비무장지대가 있는 것이다. 왜 이 게임의 개발자들은 이런 공간을 만들게 된 것일까? 게임 안에서 서로를 공격하지 않고 평화롭게 지낼 수 있는 곳이 필요한 이유는 무엇이었을까? '파티로얄Party Royale'이라고 이름

붙여진 이 게임 속 평화지대는 Z세대가 게임을 어떻게 생각하고 있는지를 보여 주는 중요한 단서 중 하나이다.

'파티로얄'은 전투게임인 '포트나이트' 안에 참여한 사용자들이 함께 어울리며 즐겁고 편한 시간을 보낼 수 있도록 만든 공간이다. 폭력적이지 않은 즐길 거리와 탐험 요소로 가득한 이곳은 계속해서 새로운 오락거리와 콘텐츠를 제공하고 있다. 여기서는 게임 속 아바타가 어떠한 행동을 하든 다른 아바타에게 공격적인 행위가 아니라면 허용된다. 그냥 가만히 가상공간을 걸어 다녀도 좋고, 파티로얄 안에 만들어진 다양한 액티비티를 즐겨도 된다. '플라자Plaza'라는 곳이 파티로얄 커뮤니티의 중심지인데, 이곳에서는 '물감 총 쏘기' 같은 장난스러운 게임을 즐길 수 있으며 여러 가지 익살스러운 아이템들이 들어 있는 자동판매기를 이용할 수도 있다. 또한 '보트 경주 코스'에서는 모터보트를 조종해 기록에 도전할 수 있고, '스카이다이빙 코스'도 있다.

굳이 전투게임인 '포트나이트'에 들어와서 이런 장난스러운 게임을 할 수 있는 '파티로얄'을 즐기는 Z세대들의 독특한 사고방식을 우리는 받아들여야 한다. 그들에게 게임은 더 이상 가상공간에서 누군가와의 전투를 통해 스트레스를 풀어야만 하는 곳이 아니다. 우리가 마치 페이스북이나 인스타그램을 사용하고 있는 것처럼 10대들은 게임을 이용하고 있는 것이다. SNS를 많이 사용하는 사람들은 틈틈이 시간이 나는 대로 자신의 타임라인에 올라온 글이나 사진, 동영상 등 콘텐츠를 소비하고 있다. 우리는 24시간 이런 서비스에 접속이 되어 있고 계속해서 새로운 이야기들이 쏟아져 들어온다. 그리고 다른 사람들이 올리는 콘텐츠를 단순히 소비하는 것을 넘어서 많은 사용자들이 적극적으로 자신의 이야기를 다양한 형태의 콘텐츠로 제작해서 올린다. 이렇게 나와 다른 사람들의 이야기가 가상의 공간에서 소통되는 곳이 바로 지금의 SNS 공간이다. 그런데 10대들에게는 그런 공간이 바로 게임이다. 그들은 게임에 항상 접속되어 있다. 이런 그들을 위해 현재 많은 사용자를 보유한 게임 회사들은 게임 속에 전투를 하는 기존의 공간 이외에 여러 가지 다양한 활동이 가능한 서비스들을 제공하고 있는 것이다. 아무리 총 쏘는 것을 좋아하는 사람도 하루 종일 총을 쏘고 있을 수는 없다. 누군가와 수다도 나누고, 음악도 듣고, 영화도 보면서 다양한 사람들과 소통하고 싶은 것이 인간의 본능이다. 과거에는 특정 형식의 게임을 즐기기 위해 게임에 접속했다면 이제 신세대들은 게임을 마치 우리가 SNS를 생각하는 것처럼 인식한다. 특정 게임에 접속하는 것은 그 게임을 하기 위함보다도 소통하고 싶은 사람들이 거기에 모여 있기 때문인 것이다. '포트나이트'는 미국의 10대들에게 단순한 게임이 아니라 또래를 만나서 소통을 하는 플랫폼으로 자리를 잡고 있다. 이제 Z세대에게 가상공간은 현실과 분리된 곳이 아니다. 그들은 가상공간인 게임 속에서 현실의 친구들과 24시간 접속하고 있다. 실제 만남과 가상공간인 게임 속에서 아바타로 만나는 것이 분리되어 있지 않은 그들은 우리와는 다르다.

4) 미래세대는 새로운 콘텐츠를 원한다

포트나이트 게임은 사실 메타버스 서비스라기보다는 전형적인 전투 MMORPG 게임에 가까운 모습을 보여 준다. 그런 이유로 메타버스에 가장 가깝게 다가가 있는 서비스라는 평가에도 불구하고 국내에서는 포트나이트에 대한 관심이 다른 메타버스 형식을 갖춘 게임인 로블록스나 마인크래프트에 비해 적은 편이다. 하지만 필자에게는 포트나이트 게임이 지금까지 보여 주고 있는 행보가 가장 합리적이고 현실적으로 메타버스 사업을 전개하고 있는 것이라 생각된다. 메타버스 서비스로 성공하기 위해서는, 일단 게임이 가진 재미 요소로 10대들에게 인정을 받아서 많은 이용자를 확보하는 것이 가장 우선적인 필수 조건이다. 이용자가 모여 있지 않은 메타버스 서비스는 아무런 의미가 없기 때문이다. 아무리 가상세계를 잘 만들고, 메타버스가 구현해야 하는 요소들을 잘 갖추고 있다고 해도, 사람들이 모여서 이용하지 않는다면 그건 그저 빈 껍데기만 있는 서비스다. 개발자나 사업가가 자신의 모든 역량을 다 쏟아부어서 만든 서비스라 해도 이용자들이 흥미를 느끼지 못하면 그것은 실패인 것이다. 서비스나 콘텐츠는 잘 만들어서 선택되고 성공하는 것이 아니다. 이용자들에게 선택되었기 때문에 성공한 것이고 잘 만들었다고 평가되는 것이다.

포트나이트는 3억 명이 넘는 이용자를 확보하고 나서 이들을 더 오랫동안, 그리고 지속적으로 게임에 잡아 두려는 목적으로 메타버스적인 요소를 게임 안에 지속적으로 업데이트시키며 이를 홍보하는 전략을 사용 중이다. 이 게임의 경영진은 게임을 주로 하는 10대들이 과거의 인류와는 다르다는 것을 파악하고 있다. 포트나이트라는 인기 게임이 언제 10대들에게 버림을 받을지 알 수 없는 치열한 경쟁 속에서 경영진은 메타버스라는 혁신을 미래를 위한 전략으로 선택한 것이다. 이미 2~3년 전부터 시작된 이 게임의 혁신적인 시도들은 새로운 것에 열광하는 10대들에게 끊임없이 화젯거리를 제공했고, 특히 2020년 보여 준 '버추얼 콘서트 Virtual Concert'는 그 결정판이었다. (포트나이트의 혁신적인 시도들에 대해서는 2장에서 자세히 다룰 예정이다.)

게임 속 무대에서 열린 2020년 2월의 유명 DJ '마시멜로Marshmello'와 2020년 4월 미국의 유명 래퍼 '트래비스 스콧Travis Scott', 2021년 8월의 아리아나 그란데Ariana Grande의 가상공연은 콘텐츠 시장에 새로운 혁명이 시작되었음을 알리는 신호탄으로 평가받고 있다. 1천만 명이 넘는 사람들이 이 가상세계의 공연에 아바타로 참여하여 새로운 형태의 콘텐츠를 새로운 방식으로 즐겼다. 지금까지와는 완전히 다른 방식으로 제작된 가상 콘서트를 아바타로 직접 참여하여 즐기는, 새로운 메타버스 문화혁명이 그 가능성과 잠재력을 보여 준 것이다. 이제 포트나이트를 만들고 있는 '에픽게임즈Epic Games'라는 회사는 게임 회사의 범위를 넘어서 메타버스 콘텐츠 회사라는 새로운 범주에 도전하고 있다고 보인다. 이는 게임 회사들이 이제 어떻게 변화를 받아들여야 하는지, 그리고 무엇이 혁신인지를 보여 주는 사례로, 메타버스 구축에서 게임 회사가 왜 유리한 위치에 있는지도 함께 보여 준 멋진 이벤트였다 하겠다.

이런 포트나이트의 성공적인 새로운 시도에 자극을 받아 로블록스나 마인크래프트 같은 메타버스 스타일의 게임에서도 가상 콘서트가 적극적으로 시도되고 있으며, 자유도가 높은 오픈 월드형 게임들이 메타버스의 열풍을 타고 더 관심을 받는 환경이 만들어졌다. 그리고 이런 변화를 언론에서 자주 언급하게 되면서, 어느새 메타버스는 미래의 키워드로 사람들에게 인식 되었다. 새로운 혁신을 끊임없이 찾고 있는 사람들에게 다음 혁신의 키워드가 '메타버스'가 된 것이다.

트래비스 스콧 가상공연

트래비스 스콧
가상공연

아리아나 그란데
가상공연

4. 사이버스페이스, 메타버스 그리고 아바타

1) 사이버스페이스와 메타버스

지금 우리는 컴퓨터와 인터넷이 만든 서비스들을 현실세계의 일부분으로 당연하게 생각하고 받아들이며 살고 있다. 인터넷으로 쇼핑하며 음악 듣고 영화 보는 것을 이상하게 생각하는 사람은 이제는 없을 것이다. 컴퓨터 하드디스크 속에 데이터를 저장해 두면, 책과 영화 등 현실세계의 물리적 실체들을 컴퓨터 모니터로 구현하여 이용할 수 있다는 건 그 기술적인 배경을 모르더라도 상식으로 받아들여지고 있으니까 말이다. 이런 세계를 우리는 '사이버 세상'이라고 부른다. 현실에서는 컴퓨터와 하드디스크 그리고 통신선밖에 존재하지 않지만 그 속에는 도서관도 있고, 상점도 있고, 콘서트장도 있는 세계가 존재한다고 믿고 있는 것이다.

사이버공간에 자리 잡고 있는 유튜브와 페이스북. 우리는 유튜브에서 영상 콘텐츠를 소비하며 댓글로 서로 소통한다. 페이스북에서는 자신의 생각을 글과 사진 그리고 영상으로 공유한다. 저 멀리 서버에 있는 디지털 정보로 만들어지는 화면 속 세상인 유튜브와 페이스북을 마치 현실세계의 일부인 것처럼 활용하고 있는 것이다.

우리가 콘텐츠를 소비하고 있는 인터넷과 모바일 세상은 통신장비와 컴퓨터, 서버 등으로 구성되어 있지만, 우리는 사이버공간이라는 가상세계를 상상으로 만들어 온라인 세상을 이해하고 받아들인다. 현실에서는 기계장비와 통신선으로 이루어져 있는 것에서 우리 인간은 '사이버스페이스cyberspace'를 창조해 낸 것이다.

'사이버스페이스'는 실제로 존재하는 공간이라기보다는 인간의 뇌가 존재하는 것으로 인식하는 공간이다. 즉 서버의 하드디스크에 0과 1의 기호로 저장되어 있는 정보들로 만들어진 인터넷 세상이다. 사이버공간과 현실공간은 모니터 화면을 두고 경계가 나누어져 있다. 사이버스페이스에는 우리 인간이 업데이트한 정보만 있을 뿐, 정작 사용자인 우리는 모니터 밖의 현실세계에 분리되어 있었다.

이 '사이버스페이스'에서 인간이 한 걸음 더 가상의 세계로 들어간 것이 바로 '메타버스'다. 사이버스페이스가 사용자인 인간과 분리되어 존재했다면, 메타버스는 인간이 들어가 참여할 수 있는 가상세계이다. 물론 직접 자신이 들어가는 것이 아니라 '아바타'라는 본인을 대신해 가상세계에 참여하는 존재가 필요하지만 말이다.

2) 아바타와 메타버스

내가 선택한 모습과 능력(심지어는 초능력까지도)을 가진 아바타로 가상세계에 참여할 수 있다는 점이 '사이버스페이스'와 '메타버스'의 근본적인 차이점이다. '아바타'는 현실세계의 나와 연결되어 있으며 소통한다. 모니터 밖에서 사이버스페이스와 분리되어 있던 우리는 '아바타'를 통해 새로운 개념의 가상세계인 '메타버스'에 참여할 수 있게 된 것이다.

'아바타'로 가상세계에서 활동하는 것은 엄청난 잠재력과 자유를 주게 된다. 제임스 캐머런 감독의 영화 〈아바타Avatar〉를 본 사람들은 이해가 될 것이다. 이 영화의 주인공은 하반신 마비 장애를 가진 전직 해병대원이다. 그는 원래 형이 조종할 예정이었던 아바타를 형의 죽음으로 인해 대신하여 조종하게 되는데, '아바타' 신체 접속으로 영화 속 배경이 되는 다른 행성에서 아바타의 모습으로 몇십 년 만에 걸을 수 있게 된다. '아바타'로는 새로운 세상에서 자신의 장애나 한계를 뛰어넘는 자유와 잠재력을 가질 수 있는 것이다. 우리 인류가 아바타의 모습으로 함께 살아가는 가상세계 '메타버스'는 이러한 잠재력과 자유를 찾아 새로운 희망을 만들기 위해 사람들이 들어오게 될 것이다. 하지만 〈아바타〉 영화 속의 세상이 영원히 지속되는 낙원일 수 없었듯이 컴퓨터 세상도 사람이 만드는 곳이기에 완벽할 수는 없다. 최초 메타버스 서비스라고 소개했던 세컨드 라이프에서는 이미 아바타의 자유로운 활동으로 인한 문제점들이 노출된 것이 있었다. 불법 도박 문제와 아동 포르노 문제 그리고 가상 폭력 사태까지, 현실세계에서의 문제들이 거의 대부분 메타버스 세계에서도 일어났다. 아바타라는 것이 결국은 연결되어 있는 사람의 의지대로 움직이기 때문에 가상세계를 이용하는 사람들이 가진 문제점들은 그대로 메타버스에서 노출되기 마련이었다. 아바타의 자유와 가상세계에서의 보안 문제는 서로 상충할 수밖에 없다. 인류가 어떻게 이것의 균형점을 찾는 지혜를 발휘할 것인가는 영원한 숙제이기도 하다.

2018년 개봉했던 영화 〈레디 플레이어 원Ready Player One〉은 '메타버스'의 모습을 가장 잘 표현한 영화로 여러 매체에서 자주 거론되고 있다. 영화 속 가상현실 '오아시스OASIS'는 자신이 원하는 아바타의 모습으로 어디든 갈 수 있고, 뭐든지 할 수 있는, 상상하는 모든 게 가능한 곳으로 메타버스를 표현하고 있다. 물론 이건 영화 속 상상의 이야기이지만, 실제로 메타버스를 구현하고자 하는 기업들은 이것과 유사한 가상세계를 꿈꾸고 있기도 하다.

그런데 우리가 놓쳐서는 안 되는 중요한 사실이 있다. 아무리 멋진 가상세계도 현실로부터 완전히 자유로울 수는 없다는 점이다. 제임스 캐머런 감독의 영화 〈아바타〉의 주인공은 하반신 마비 장애인이었지만, 아바타의 모습으로 다른 행성에서는 걸을 수 있었다. 가상세계에서 아바타의 모습으로는 현실의 장애를 극복할 수 있었던 것이다. 하지만 현실로 돌아오자 그는 역시 장애를 가지고 있었다. 현실을 메타버스가 바꿔주지는 못한다. 그리고 우리가 영원히 가상세계에 들어가서 살 수는 없다. 메타버스는 말 그대로 가상의 세계이다. 메타버스 속의 자유에 탐닉하여 현실을 회피하는 경우가 발생할 수도 있다는 우려가 나오는 이유는 '게임 중독' 현상에서도 알 수 있다. 메타버스에 접속하여 현실을 등한시하는 문제는 어떻게 해결해야 할 것인가에 대한 논의와 메타버스의 모습을 어떻게 만들어 갈 것인가에 대한 사회적인 합의가 필요한 이유이기도 하다. '메타버스'도 결국은 현실의 인류가 활용하는 새로운 도구이자 창작물 중 하나일 수밖에는 없다는 것을 명심해야 할 것이다. 사이버스페이스가 지금 우리의 현실세계 일부가 된 것처럼, 메타버스가 현실의 일부로 자리 잡게 될 미래에도 우리에게 가장 소중한 것은 바로 현실이다.

5. 우리는 왜 메타버스를 꿈꾸는가?

컴퓨터로 만들어진 가상세계 '메타버스'의 기본적인 틀을 제시한 '세컨드 라이프' 이후 많은 몽상가들이 새로운 세상을 구현하기 위한 도전을 끊임없이 해 왔고, 최근 관심을 받고 있는 포트나이트, 마인크래프트, 로블록스 등의 메타버스 지향 게임들과 페이스북을 중심으로 한 VR 업계에서도 세컨드 라이프가 강렬하게 후대에 남긴 '메타버스의 꿈'을 실현해 보고자 한다는 생각을 밝히고 있다. 그런데 나의 '아바타'가 자유롭게 살아가는 또 다른 세상, '메타버스'는 왜 필요한 걸까? 우리 인간은 무엇을 위해 '메타버스'라는 가상세계를 만들고자 하는 것일까?

첫째 이유는 이상 사회에 대한 인간의 열망이다.

이상 사회에 대한 열망은 인간의 본능이라고 말할 수 있을 듯하다. 인간은 현실적인 한계에도 불구하고, 포기하지 않고 언제나 끊임없이 이상적인 세상을 꿈꾼다. 인류의 삶은 모순투성이다. 그런데도 인간에게는 이상이라고 하는 완벽한 상태를 꿈꿀 수 있는 능력이 주어져 있다. 현실은 어떻게 해도 완벽한 이상 사회로 발전할 수 없지만 인간은 끊임없이 이상을 좇고 있다.

세컨드 라이프를 만든 로즈데일은 '버닝 맨'이라는 미국의 이상적 공동체 행사에서 영감을 받아 이 가상의 세계를 디자인하게 된다. 앞서 언급했듯 '버닝 맨'은 참가자들이 공동생활을 하며 자신을 마음껏 표현하는 극한의 자유를 만끽하는 해방구이다. 로즈데일은 이 행사의 정신을 컴퓨터로 만든 가상의 세계에 구현하고자 한 것으로, 가상세계에서만이라도 서로의 개성과 자유를 존중하며 차별 없이 평화롭게 살아가는 유토피아를 꿈꾼 것이다.

현실세계에 만들 수 없는 이상 사회를 기술의 힘으로 가상의 공간에 만들고자 한 것이 바로 '메타버스'라 하겠다. 컴퓨터그래픽으로 만들어진 가상세계에서는 원하는 것이 무엇이든 가능하다. 아바타가 하늘을 날아다니거나 물 위를 걸을 수도 있다. 성별을 바꿀 수도 있고, 내가 원하는 외모를 선택할 수도 있다. 인류 모두가 자신의 꿈을 평화롭게 이룰 수 있는 이상 세계는 인간의 영원한 숙제이다. 현실에서의 나는 원하는 대로 바꿀 수 없지만, 메타버스 안에 있는 나의 아바타는 기술의 힘으로 원하는 것을 무엇이든 할 수 있는 것이다. 이러한 이상 사회를 기술의 힘으로 만들어 내고자 하는 인간의 열망으로 메타버스가 논의되는 것이다.

둘째는 컴퓨터로 만드는 신대륙에 대한 기대감이다.

인공지능, 블록체인, 컴퓨터그래픽, 게임엔진, 모션 캡처 등의 기술적 진보가 만들어 내는 가상세계가 바로 '메타버스'이다. 기술로 창조된 새로운 가상세계 메타버스에는 누구에게나 공평한 기회가 있고, 먼저 가서 노력만 한다면 그곳의 주인이 될 수 있다. 모두에게 공평한 기회가 주어지는 가상세계의 개척자로, 지금의 현실에서 벗어나 자유로운 삶을 살고자 하는 욕망이 사람들에겐 있다. 비록 가상의 세계에서라도 말이다. 신대륙의 신화를 컴퓨터가 만든 가상세계에 만들어 보고자 하는 기대감에서 메타버스는 만들어지고 있다.

미국의 서부 개척 시대 영화를 보면, 사람들은 신대륙에 대해 도전하는 사람들 모두에게 똑같은 기회가 주어지고 누구나 노력하면 성공할 수 있다는 환상을 가지고 있었다. 물론 현실은 그렇지 않았더라도 말이다. 모든 사람들이 일렬로 출발선에서 기다리다가 출발 신호와 함께 달려가 원하는 땅에 깃발을 꽂으면 그곳을 소유할 수 있는 기회가 주어지는 영화 속 장면이 있다. 바로 그런 영화 같은 신대륙을 가상세계에 만들어 내고자 하는 욕망이 '메타버스'에 있는 것이다.

저명한 시장조사업체 스트래티지 애널리틱스(SA)는 2025년 전 세계 메타버스 시장 규모가 2,800억 달러(약 300조 원)에 이를 것으로 내다봤고, 또 다른 업체 PwC는 더 긍정적으로 2025년 메타버스 시장 규모를 4,764억 달러(약 520조 원)로 예측하는 등 메타버스 관련 경제 효과가 미래 산업에서 상당한 수준의 기여를 할 거라 보고 있다. 이 자료에서 인공지능(AI) 관련 시장 규모가 비슷한 시기 약 200조 원으로 예측되고 있는 것을 생각하면 메타버스는 정말 큰 성장잠재력을 가진 분야라 할 수 있다. 물론 메타버스의 정의가 아직 정확하게 정리되지 않아서 VR, AR, XR 등 다양한 산업군 중 어느 것을 포함하고 있느냐에 따라 수치가 제각각이지만, 대부분의 전문가들이 메타버스 산업의 미래 전망을 상당히 긍정적으로 보고 있는 것은 사실이다.

셋째는 새로운 것을 창작하고자 하는 열망이다.

인간은 무언가를 창작하는 특성을 가지고 있다. 이는 다른 동물들과의 큰 차이점으로, 세상에 없는 새로운 것을 창작해 내는 것은 인간 본연의 모습이라 하겠다. 음악, 문학, 미술 등 인간이 만들어 낸 문화는 이러한 인간의 창작 본성으로부터 나온 결과물들이다. 인간은 자신의 존재를 후대에 남겨 두려는 본능을 가지고 있고, 이런 이유로 자신의 창작물을 만들어 세상에 표현하고자 하는지도 모르겠다.

통신과 디지털 기술로 사이버 세상이 만들어지자 인류는 사이버 문화를 만들어 냈다. 새로운 공간이 탄생하자 새로운 형식의 문화가 창작된 것이다. 인류는 어떠한 환경에서도 그에 적응하여 살아가며 콘텐츠를 창작해 문화를 만든다. 이제 새롭게 개척되고 있는 메타버스에서도 인간은 창작 활동을 할 것이다. '메타버스'에서도 자신을 표현하고자 하는 인간의 본능은 자연스럽게 '메타버스 콘텐츠'를 만들어 내는 원천이 된다. '메타버스'라는 가상세계는 우리 인류에게 새로운 창작의 영역을 열어 주는 기회의 땅이 될 것이다. 많은 선도적인 예술가들이 메타버스에서 창작 활동을 하며, 현실세계와는 다른 '메타버스 문화'를 만들면서 우리는 또 하나의 문화 체계를 가지게 될 것이다.

'디지털 아트'라는 새로운 장르가 메타버스와 만나면서 기존의 환경과는 전혀 다른 창작의 영역을 제공하고 있다. 발 빠른 아티스트들은 새로운 영역에 대한 도전을 과감하게 시도하고 있으며, 예술의 세계에서 경제적인 부를 창출할 수 있다고 판단한 혁신적인 기업가들과의 연결로 인해 메타버스 예술 작품들이 새로운 창작 시장을 만들어 가고 있는 중이다. NFT라는 블록체인 기술과의 만남으로 디지털 작품들이 원본성을 확보하게 됨으로써 메타버스는 예술가들에게 새로운 기회를 제공하게 되었다. (NFT에 대한 자세한 이야기는 4장에서 할 예정이다.)

그리고 위의 세 가지 이유와 함께 지금의 메타버스를 만들어 낸 가장 결정적 원인은 바로 인류의 변화이다. 게임이라는 가상세계 경험이 쌓이면서 우리 인류는 과거와는 전혀 다른 특성을 가지게 되었다. 이미 60대의 성인들 중에서도 게임을 하는 인구가 상당수 있다는 조사 자료도 있다. 특히 디지털 친화적인 Z세대들과 알파세대들에게 컴퓨터가 만든 가상세계는 더 이상 현실과 분리된 상상의 세상이 아니다. 메타버스 안에 존재하는 아바타와 현실의 나는 분리된 존재가 아니라, 서로 연결되어 있고 서로에게 영향을 주고 소통한다. 이미 인류는 메타버스라는 가상세계를 자연스럽게 받아들이도록 진화해 가고 있는 중이다.

2장

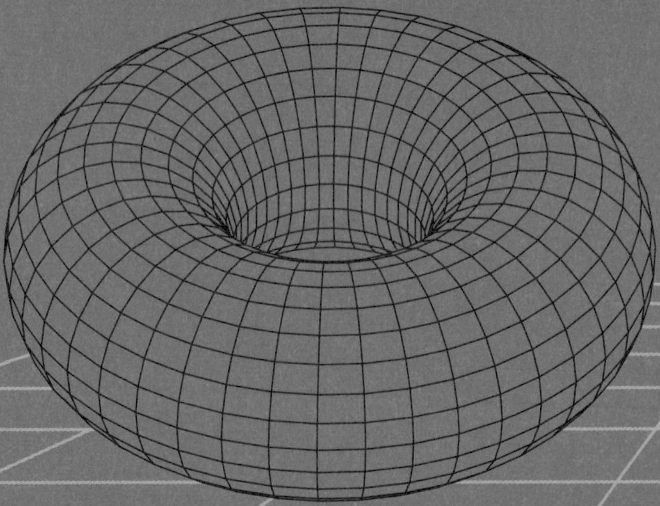

메타버스 전국시대

1. 누가 메타버스를 선점할 것인가?

1) 웹 3.0과 메타버스

인터넷의 발전 단계를 웹 1.0, 웹 2.0으로 구분 지어 논의할 경우, 지금의 인터넷은 '웹 2.0'이라고 할 수 있다. 웹 2.0은 기존의 인터넷에서 세 개의 키워드 '참여, 개방, 공유'를 더욱 강조하며 나타난 개념이다. 페이스북, 트위터, 구글 등의 소셜 네트워크 서비스가 웹 2.0의 가치 아래 나타난 서비스로 지금까지도 인터넷 세상을 지배하고 있는 상황이다. '스마트폰의 대중화'가 인터넷에 엄청난 영향을 주긴 했지만, 모바일 웹의 경우는 '웹 2.5'라는 용어를 사용하며 '웹 2.0'시대의 일부로 보는 것이 일반적이다. 스마트폰이 우리 생활에 끼친 영향력은 누구나가 공감할 만큼 엄청난 것이었다. 그럼에도 불구하고 스마트폰으로 대중화된 모바일 인터넷은 웹2.0과 유사한 철학적, 시대적 기반을 공유하고 있다고 보는 것이다.

그런데 이제 '웹 3.0'시대를 이야기하는 목소리가 점차 커지고 있다. 사람들은 곧 '웹 2.0'시대를 넘어서는 새로운 인터넷인 '웹 3.0'을 사용하게 될 것이라 이야기한다.

위키백과의 정의에 따르면, '웹 3.0'이란 "컴퓨터가 시맨틱Semantic 웹 기술을 이용하여 웹페이지에 담긴 내용을 스스로 이해하고 개인 맞춤형 정보를 제공할 수 있는 지능형 웹 기술을 말하는 것으로, 지능화 개인화된 맞춤형 웹"이다. 다소 추상적인 용어들이 많이 사용되고 있지만, 아주 단순화해 보자면 '인공지능 기술의 적용으로 보다 개인화된 맞춤형 인터넷'이라고 할 수 있을 것이다. 사실 정의된 내용으로만 생각해 보면 웹 3.0의 정확한 모습이 그려지지는 않는다. 아마도 이렇게 불분명하게 정의된 이유는 아직까지 웹 3.0에 대한 구체적인 정의가 내려지지 않았기 때문일 것이다. 정확한 정의 대신에 웹 3.0은 포함되어져야 할 요소들을 이야기하는 경우가 더 많은 듯하다. 인공지능, 블록체인, 빅데이터 등의 최신 기술이 도입되어 탈중앙집권적이며 개인 맞춤형의 서비스들이 제공되어야 한다고 이야기되고 있는 것이다. 글쎄, 이렇게 기술들을 나열해도 명확한 그림은 떠오르지 않는다.

그런데 '웹 3.0'에는 너무나 많은 요소들이 포함되어 있지만, 그중 특별히 주목할 부분은 인터넷의 모습이 입체적인 형태를 띠는 3D 공간이 될 것이라는 점이라고 필자는 생각한다. 이런 이유에서 몇몇 전문가들은 '웹 3.0'과 '공간 웹Spatial Web'을 거의 같은 의미로 생각하기도 한다. (The Spatial Web and Web 3.0 〈딜로이트 보고서, 21 July 2020〉) 즉 '웹 3.0'은 현실 같은 3D 공간의 인터넷 환경에서, 현실세계 인간들 사이의 소통 방식이 가능한 가상공간이 될 거라 예측하고 있는 것이다.

3D 그래픽의 컴퓨터 환경에서 인공지능과 블록체인 기술이 도입되어 개인화된 서비스를 제공하는 인터넷이라면 '메타버스'를 이야기하고 있는 것이 아닐까 하는 생각을 해 본다. 메타버스 서비스를 이용하는 사람들은 아바타로 가상공간에서 자신이 하고자 하는 것을 자유롭게 할 수 있다고 얘기했는데, 이것이 웹 3.0의 구체화된 모습일 수도 있으리라. 필자는 '메타버스'가 '웹 3.0'의 대표적인 서비스가 될 것으로 생각한다. 그러므로 '메타버스'를 선점한다는 것은 '웹 2.0'시대의 뒤를 이을 미래 인터넷인 '웹 3.0'을 선도하는 대표 기업이 된다는 것으로, 페이스북과 유튜브, 구글 등의 자리를 새로운 '메타버스' 기업이 차지하게 될 것이다.

항상 새로운 시대마다 그를 대표하는 '시대정신'이 존재해 왔으며, 그 시대를 선도하는 서비스 제공 사업자가 있었다. 과연 다가올 '웹 3.0' 시대에는 누가, 어떤 시대정신으로 세상을 바꾸게 될까?

2) 미래 인터넷의 승자

현재 전문가들에게 메타버스 기업으로 가장 후한 점수를 받고 있는 곳은 '에픽게임즈Epic Games'다. 이 기업의 인기 게임 '포트나이트Fortnite'는 미국 10대들 사이에서 단순한 게임을 넘어서 소셜 앱으로 여겨질 만큼 엄청난 인기를 얻고 있다. 이 게임을 하면서 그들은 서로 대화하고, 놀이를 하며, 영화도 보고, 음악 공연도 즐긴다. 지금까지 성공한 게임들은 많았지만, 포트나이트처럼 게임 목적 이외의 활동을 사용자들이 오래 머물면서 하는 경우는 없었다. 게임이 미래 인터넷 서비스의 중심 플랫폼으로 되어 가고 있다니는 것을 확실하게 보여 주고 있다 하겠다. '에픽게임즈'의 CEO인 팀 스위니Tim Sweeney는 "포트나이트는 게임인가?"라는 질문에 대해 다음과 같은 멋진 답변을 했다. "포트나이트가 지금은 게임이 맞지만 1년 후에는 '메타버스'가 되어 있을 것이다.(Fortnite is a game, But ask that question again in 12 months.)"

정말 엄청난 자신감을 보여 준 것이다. 그의 이 말이 실현될 수 있을지는 모르겠으나 게임이 단순한 오락물에서 거대 플랫폼으로 진화를 꾀하고 있다는 것은 시대적 흐름이라는 생각이 든다.

'에픽게임즈' 이외에도 사용자가 자신의 게임을 만들 수 있는 로블록스 게임을 서비스하고 있는 기업인 '로블록스 코퍼레이션'이나 마인크래프트 게임을 소유하고 있는 '마이크로소프트' 등이 전문가들에 의해 메타버스를 선점할 가능성이 높은 기업으로 평가되고 있다. 그리고 VR을 활용하여 메타버스를 구축하려는 움직임을 보이고 있는 '소셜 VR' 업체들도 큰 관심을 받으며 투자금을 높여 가고 있는 상황이다.

여기에 페이스북은 '호라이즌'이라는 VR 소셜 공간 서비스를 가지고 지금의 영향력을 미래에도 이어 가고자 하고 있으며, 구글은 '구글 어스Earths'라는 3D 지도 서비스로 미래의 인터넷인 '메타버스'를 준비하고 있다. 국내 기업으로는 '제페토' 앱을 서비스 중인 네이버의 손자 회사 '네이버제트'가 가장 적극적인 모습을 보이고 있고, SK텔레콤의 이프랜드가 출사표를 던지기도 했다. 아직은 미미하지만 그래도 서서히 국내 게임사들도 메타버스 관련 움직임을 하나둘 선보이고 있다.

특히 페이스북은 미래의 인터넷에 과감한 투자를 하고 있다는 점에서 주목할 필요가 있다. 마크 저커버그 CEO는 현재 소셜네트워크서비스(SNS) 사업을 영위하는 페이스북이 향후 5년 이내 메타버스 기업으로 진화할 것이라고 밝히기도 했다. 인터넷의 다음 모델이 메타버스가 될 거라 예측하고, 여기에 전사적인 투자를 진행하고 있는 것이다.

'웹 3.0'시대가 다가오고 있다. 그리고 미래 인터넷의 주요 서비스가 될 '메타버스'를 선점하기 위한 관련 업체들의 치열한 경쟁이 벌어지고 있다. 과연 어떤 기업이 미래 인터넷 세상의 주도권을 가지게 될까? 지금부터 그 후보라 할 수 있는 기업과 서비스에 대해 하나하나 이야기해 보자.

2. 페이스북의 메타버스는 성공할 수 있을까?

1) 페이스북의 메타버스

전 세계 소셜미디어 시장을 석권하여 거의 독점에 가까운 장악력을 발휘하고 있는 페이스북.

페이스북 서비스는 전 세계 온라인 접속자들이 2D 환경인 PC나 스마트폰 화면을 통해 텍스트, 오디오, 비디오 정보를 교환하는 소통의 플랫폼이다. 웹 2.0시대의 소비자들이 자신과 공통점이 있는 사람들과의 소통을 중요하게 여기게 된 시대의 흐름을 잘 포착하여, 이러한 시대적 요구를 잘 반영한 서비스로 페이스북은 온라인 소셜 서비스 시장을 석권하고 있다.

그리고 현재의 영광이 미래에도 지속되길 원했던 페이스북의 CEO 마크 저커버그는 VR이 미래의 인터넷이 될 거라 판단하여 과감한 투자를 보여 준다. 2014년 VR 기기 제작사 오큘러스를 20억 달러(약 2조 5,000억 원)에 인수한 것을 시작으로 말이다.

VR로 만들어진 3D 환경의 소셜 서비스 시대가 올 것이고, 그 미래 인터넷 세상에서도 페이스북이 주역으로 우뚝 서 있기를 바랐던 그의 과

마크 저커버그(출처: 플리커, © Anthony Quintano)

감한 투자는 그 뒤로도 계속 이어졌다. 사실 그는 그 누구보다도 먼저 페이스북 이후의 세상을 준비해 왔다. 페이스북이 준비했던 서비스는 지금의 메타버스와 유사한 것이었는데, VR 기반의 3D 소셜 서비스를 마크 저커버그는 메타버스의 미래 모습이 될 거라 확신했던 것이다.

페이스북이 '오큘러스'라는 최고의 VR 업체를 거액에 인수한다는 뉴스가 나왔을 때, CEO 마크 저커버그의 새로운 도전에 다들 놀라며 큰 기대를 가졌다. 그리고 한동안 페이스북은 상당히 자신만만했다. 모두가 페이스북의 움직임에 주목했고 뭔가 엄청난 서비스가 탄생할 거라는 기대감이 커져 갔다. 그런데 너무 일찍 움직인 걸까? 상당한 시간을 준비했던 원대한 꿈에 비해서 발표된 결과물은 사람들을 실망시켰다. VR로 3D 환경에서 페이스북 서비스를 제공하는 것이 미래의 인터넷이라고 자신했던 당당한 모습은 점점 사라져 가고 있다. 그리고 최근에는 다른 회사들이 미래의 인터넷을 선도할 메타버스 구현에 앞서가고 있다는 뉴스들이 나오고 있다. 메타버스 경쟁에서 페이스북은 조금 뒤처져 있는 것처럼 보인다. 다른 그 어느 기업들보다 일찍 미래의 비전을 보고 엄청난 금액을 들여 VR 업체들을 인수하였고 멋진 서비스를 만들어 론칭했다고 자부했는데 사용자들의 반응은 솔직히 미지근하다. VR의 사용성 문제가 역시 가장 큰 걸림돌이 되고 있다.

페이스북 입장에서는 지금의 소셜 서비스를 3D 환경으로 업그레이드하는 것이니 자신들이 가장 잘할 수 있다고 확신했을 것이다. 이미 엄청난 수의 페이스북 사용자들이 확보되어 있으니 이들에게 새로운 3D 환경을 쓸 수 있도록 한다면 미래의 인터넷도 페이스북의 손아귀에 있게 될 것이라는 아주 이론적인 생각을 하게 된 것이다.

그런데 콘텐츠의 세상은 그렇게 이론적인 분석으로 이루어지지가 않는다. 과연 어떤 콘텐츠나 서비스가 성공할 것인가는 솔직히 그 누구도 정확히 알 수 없다. 아무리 업계 최고의 경험을 가진 전문가라 해도 마찬가지다. 그 가장 큰 이유는 우리 인간의 취향이 끊임없이 변한다는 것이다. 어제 좋아했던 것이 오늘 별로였다가 내일은 싫어진다. 명확한 이유는 없다. 그냥 싫증이 난 것이다. 이렇게 변하는 취향을 예측하는 것은 너무나 어렵고 사실상 불가능하다. 콘텐츠 업계에서 오랫동안 히트작을 낸 거물들은 사실 운이 좋았다고 해야 할 것이다. 물론 열심히 노력하거나 타고난 감각이 있어 성공 확률이 높을 수는 있지만 매번 성공할 수는 없다. 그리고 또 하나, 새로운 콘텐츠 소비자인 10대들은 기존의 방식과는 완전히 다른 모습을 보여 준다. 과거의 성공 모델로는 10대들을 매료시키는 콘텐츠나 서비스를 만들 수가 없는 것이다. 이런 이유들로 페이스북도 영원할 수는 없다. 사실 그동안 너무나 잘해 온 것이 사실이다.

페이스북과 메타버스(출처: 플리커, © Anthony Quintano)

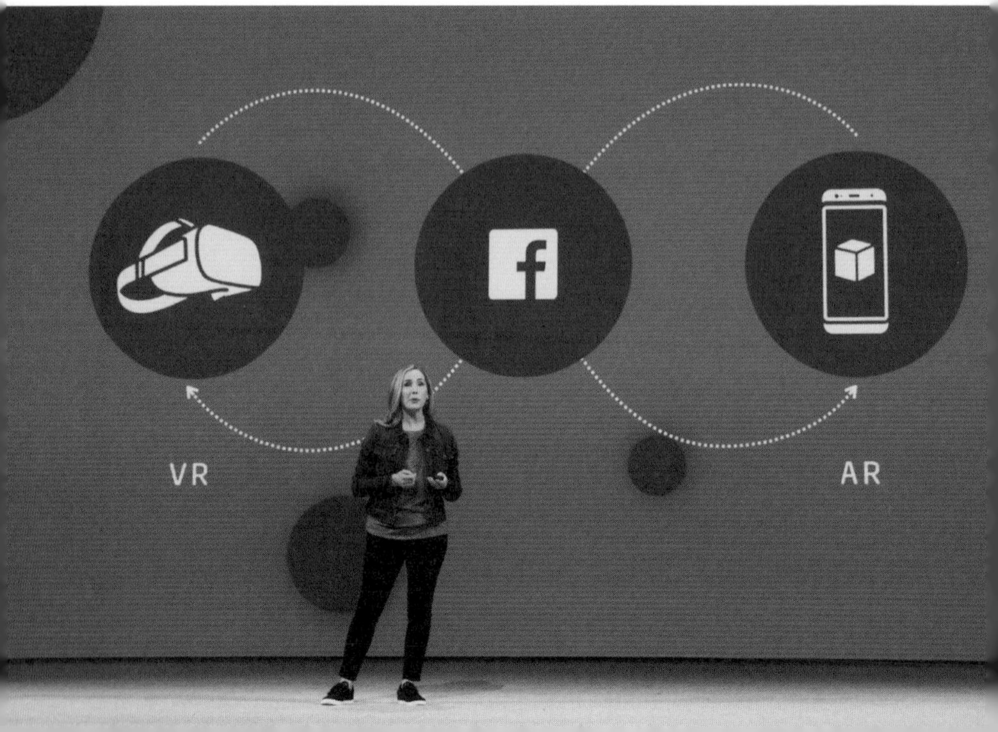

이렇게 오래 페이스북이 전 세계 사용자들에게 사랑을 받는다는 건 이 서비스가 상당히 경쟁력이 있다는 것을 보여 주는 것이다. 하지만 새로운 세대들이 주요 소비자가 될 미래의 인터넷인 메타버스에서는 페이스북의 영향력이 오히려 족쇄가 될 수도 있다. 과거와는 다른 10대들의 취향을 페이스북이 3D 환경의 서비스에서도 잘 맞춰 나갈 수 있을지는 지켜봐야 할 것이다.

페이스북의 VR 기반 메타버스 서비스는 2017년 '페이스북 스페이스Space'라는 이름으로 처음 구체화되어 발표된다. 이 서비스는 오큘러스를 거액에 인수하고 3년 만에 페이스북이 야심 차게 출시했기 때문에 그 모습 하나하나에 세계가 주목했다. 그러나 발표를 본 후 사람들의 평가는 그리 좋지만은 않았다. 페이스북 스페이스는 오큘러스의 VR 장비를 갖추고, 전용 앱을 설치한 후, 페이스북 계정으로 접속해서 사용할 수 있었고, 아바타로 가상세계에 참여하여 활동하는 메타버스 서비스였다. 그런데 아바타의 모습으로 페이스북 친구들과 메신저로 대화를 나누고 화상통화를 하며 주변을 함께 산책하는 정도 이외에는 특별한 것이 없었다. 가장 눈길을 끈 기능이라면 가상현실 속에서 콘텐츠를 창작하는 '드로잉' 시스템 정도였다. 결국 이 서비스에 대한 관심은 얼마 가지 못하고 시들어 버렸다. 페이스북의 야심작이라 생각하고 기대를 높여 왔는데, 말 그대로 체면을 완전히 구겨 버린 사태가 발생한 것이다. 하지만 여기서 포기하지 않고 페이스북은 투자를 이어 나갔다. 그리고 다시 2년 후, 2019년 9월 '페이스북 호라이즌Horizon'이라는 이름으로 업그레이드된 메타버스 서비스를 선보인다.

페이스북과 VR(출처: 플리커, © Anthony Quintano)

2) VR 기반 메타버스: 페이스북 호라이즌

VR 기반의 페이스북 메타버스 '호라이즌'은 세컨드 라이프와 영화 〈레디 플레이어 원〉에서 상당한 영향을 받은 것으로 알려져 있다. 사용자가 각자의 영역을 창조하고 게임을 만들 수 있도록 하였고, 다른 사용자의 영역으로 들어가서 함께 그가 만든 게임을 즐길 수 있도록 해서 게임 콘텐츠를 강화했다. VR 게임 기능을 강화하여 가상공간에 들어가서 즐길 거리를 더 많이 만들어 둔 것이다.

그런데 발표 후에 아직까지도 정식 서비스가 제대로 이루어지지 않고 있는 점에서 이번에도 시장의 요구를 제대로 반영하지 못한 것이 아닌가 하는 의구심을 만들어 내고 있다. 호라이즌은 2020년부터 비공개 베타 서비스를 하고 있으며, 언제 공식적인 서비스가 시작될 것인지에 대한 정확한 일정을 내놓지 못하고 있다. 그럼에도 불구하고 VR 게임 회사들을 거액에 인수하는 등 꾸준히 메타버스에 대한 투자를 하고 있는 것으로 보아 나름의 계획을 뚝심 있게 밀어붙이고 있다고 보인다. 페이스북의 명성에 걸맞은 메타버스 서비스가 조만간 공식 서비스되길 기대해 보면서 호라이즌 서비스에 대해 조금만 더 언급해 볼 생각이다.

페이스북 호라이즌 VR 가상세계로 들어오기 전에, 이용자들은 아바타 도구 세트에서 원하는 이미지의 아바타를 선택할 수 있다. 상당히 다양한 외모의 얼굴, 머리 모양, 의상 등이 선택 가능하기 때문에 고민을 많이 하게 될 수도 있는데, 나중에 바꾸는 것도 가능하다고 한다. 아바타를 선택하고 나면 이제 가상세계에 들어갈 준비가 되었고, 아바타의 왼쪽 손목에 있는 밴드의 메뉴 기능을 이용해서 가상세계를 탐험하는 것이 가능하다. 가장 먼저 입장하게 되는 곳의 이름은 '플라자Plaza'로 우리말로 직역하면 '광장'이라고 할 수 있겠다. 이곳부터 시작해서 이제 아바타는 가상세계를 여행하며 다른 아바타들과 만나고 원하는 것들을 즐길 수 있다. 페이스북의 가상세계인 호라이즌은 '안전지대safe zone'라는 것을 강조하고 있다. 원치 않는 사람은 차단할 수 있기도 하다. 그리고 '호라이즌 로컬스Horizon Locals'라는 VR 가상세계 안에서 기술 또는 안전 문제가 있는 경우, 질문에 대답하거나 사용자를 지원하는 아바타가 존재한다. 안전에 대한 세심한 준비가 엿보인다 하겠다. 아무래도 기존 페이스북이 가지고 있던 보안 시스템을 그대로 호라이즌 서비스에서도 유지하려는 정책이 드러나고 있다. 누구나 자유롭게 이용하는 가상공간이지만,

그 누구에게도 해가 되는 행동은 용납되지 않는 환경이 필요한 것은 아이러니하다. 어찌됐든 페이스북은 메타버스 서비스에서 일어날 수 있는 불미스러운 일들에 대해 아주 세심하게 방지책을 마련하려고 노력하고 있다.

또한 사용자는 호라이즌의 '월드 빌더World Builder'를 이용하여 가상세계 안에서 무엇이든 창조할 수 있는 능력을 부여받고 있다. 가상세계 속에서 특정 물건을 만드는 것뿐 아니라 심지어는 하늘이나 자연 환경 같은, 신만이 창조할 수 있는 것을 만드는 것이 가능하다. 이건 이미 자유도가 높은 다른 샌드박스 게임들에서 대부분 가능한 것이기 때문에 놀라운 일은 아니지만 VR 환경을 이용자가 창조할 수 있다는 건 메타버스를 구현하고자 하는 서비스이기 때문에 당연한 기능이라고 할 것이다. 가상세계에서 새로운 것을 서비스 사용자가 창작할 수 있도록 하는 것에는 사실 상당히 복잡하고 어려운 일들이 내포되어 있다. 누군가 만든 콘텐츠가 현실세계처럼 가상세계에 있는 모든 아바타에게 존재하는 것으로 시스템이 만들어져 있어야 하는 것이다. 그리고 계속해서 콘텐츠가 만들어지면 메타버스 시스템은 창작된 콘텐츠를 계속 관리해야 하기 때문에 엄청난 서버 용량과 관리 비용이 들어갈 수밖에 없다.

페이스북 호라이즌은 VR 기반의 가상세계이다. 워낙 거액을 들여 오큘러스를 인수했기 때문에 VR을 기반으로 한 서비스를 지속적으로 추구할 수밖에는 없을 것이다. 그런데 VR 디바이스의 보급이 아직까지도 많이 되어 있지 않은 상황에서 페이스북은 VR 기기의 가격을 낮춰서 소비자들이 구매를 할 수 있도록 해야 하는 부담도 함께 가지고 있다. 게다가 기존의 VR 소비자들은 이미 고사양의 기기를 가지고 있기 때문에 이

것에 맞춘 고화질의 품질 좋은 VR 콘텐츠를 원하고 있다. 아직 VR을 소비하고 있지 않은 사람들을 끌어들이기 위해서는 그런 열성적인 소비자들을 위한 콘텐츠가 아니라 모두가 편하게 즐길 콘텐츠가 필요한데 말이다. 모두를 만족시킬 서비스는 참 만들어 내기가 힘들다. 이미 페이스북은 Z세대들에겐 아저씨들이나 이용하는 서비스다. 그런 회사에서 만드는 메타버스를 글쎄 미래세대가 즐겨 사용하기는 쉽지 않아 보인다. 게다가 기존의 페이스북 소비자들은 굳이 VR로 옮겨진 페이스북을 사용하고 싶지는 않을 것이다. 새로운 기기를 사야 하는 것도 그렇지만 새로운 서비스를 이용하면 익숙지 않은 문제들이 생길 수밖에 없는데 왜 그런 수고를 하겠는가? 뭔가 그래야 하는 확실한 이유가 없다면 말이다.

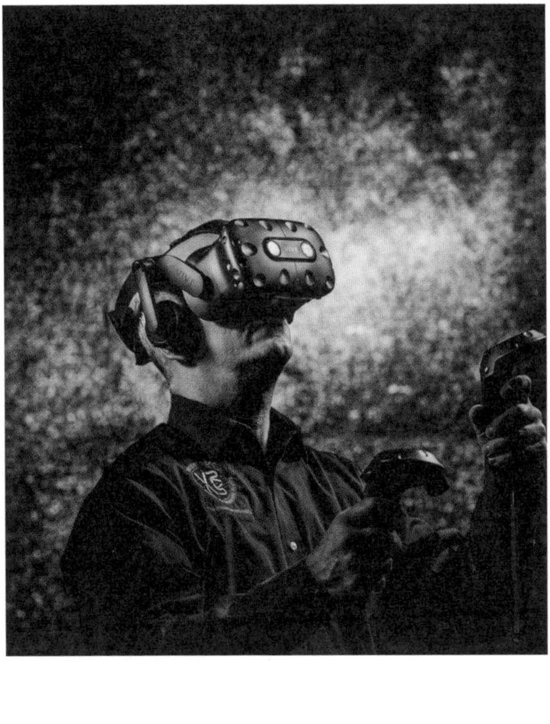

VR 기기와 메타버스
(출처: © NASA)

가상현실 속 사무실과 피트니스 센터를 구현해서, 몸은 집에 있지만 헤드셋을 쓰는 순간 사무실로 출근해 가상세계 속 회의에 참석할 수 있는 건 참 신기하다. 다만 그게 꼭 필요하지는 않다는 것이 문제다. 지금의 페이스북 소비자들은 가상세계에 큰 관심이 없고, Z세대들은 페이스북의 서비스에 관심이 없다. 분명 지금은 세계 최고의 IT 기업이지만 미래에도 그럴 수 있을지는 페이스북이 이 문제를 어떻게 풀어내느냐에 달려 있을 것으로 보인다.

과감하고 지속적인 투자에도 불구하고 페이스북의 메타버스는 아직까지 소비자들에게 큰 반응을 얻고 있지는 못하다. VR 기반보다는 게임 기반의 메타버스 서비스에 소비자들이 호응을 하고 있으며, 이러한 분위기에서 투자자들도 게임을 기반으로 메타버스로 진화하고 있는 포트나이트, 마인크래프트, 로블록스, 동물의 숲 등에 더 후한 점수를 주고 있다. 분명 페이스북이 인수한 오큘러스가 가장 앞선 VR 기술력을 가지고 있고 페이스북의 기술과 자본력 또한 뛰어나지만, 사람들이 비싼 HMD(Head Mounted Display)를 써야 하는 불편함을 감수하면서까지 몰입할 수 있는 VR 킬러 콘텐츠 개발에는 성공하지 못하고 있는 것이다.

페이스북의 마크 저커버그는 미래의 소셜미디어를 VR 기반의 메타버스라고 예측했고, 여기에 과감한 투자를 꾸준히 하고 있다. 하지만 성과가 아직까지는 불투명해 보인다. 페이스북의 명성이 미래의 인터넷으로 불리는 메타버스에서는 빛을 발휘하지 못하고 있다. 과연 미래의 인터넷 '메타버스'는 어떤 모습이 될까? 페이스북이 꿈꾸고 있는 VR 기반의 메타버스는 주류가 될 수 있을까?

3. 메타버스와 소셜 VR

1) 소셜 VR

앞서 살펴보았듯 페이스북의 CEO 마크 저커버그는 미래의 소셜미디어가 VR 기반이 될 거라 예측했고, 2014년 VR 기기 제작사 오큘러스를 20억 달러(약 2조 5,000억 원)에 인수하는 등 과감한 투자를 했다. 그런데 바로 다가올 것 같았던 장밋빛 VR의 미래는 쉽게 열리지 못하고 있다. 뉴욕부터 방콕에 이르는 도시들에 VR 아케이드를 열었던 영화사 아이맥스IMAX가 2년 만에 모든 장소를 폐쇄했으며, 구글의 사내 VR 필름 스튜디오 '스포트라이트 스토리즈Spotlight Stories'도 2019년 초에 문을 닫았다. 페이스북도 VR 영화 제작을 담당하던 사내 부서 '오큘러스 스토리 스튜디오Oculus Story Studio'를 2017년 폐쇄했다. 그럼에도 불구하고 페이스북은 2019년 9월 VR 커뮤니티 기술을 발전시켜서 '페이스북 호라이즌'이라는 이름의 서비스를 선보였으며, 2020년에는 VR 게임 회사들을 사들였다. 여전히 VR에 대해 가졌던 가능성을 믿고 있는 것이다. 최근 메타버스의 영향으로 VR에 대한 관심이 다시 높아져 가고 있는 것도 페이스북이 꿈을 포기하지 않는 이유 중 하나일 것이다.

그런데 페이스북 이외에도 VR 기반의 메타버스가 가진 잠재력과 성장성을 믿고 꾸준히 투자하고 있는 기업들이 여럿 존재하고 있다. 여기서는 그런 업체들을 한꺼번에 '소셜 VR' 업체라는 카테고리로 묶어 소개해 보고자 한다. 이 업체들은 페이스북이 인수한 오큘러스와는 조금은 다른 전략으로 VR 기반의 메타버스를 차분하게 준비해 가고 있다. 상당히 많은 업체들을 소셜 VR이라는 영역으로 분류할 수 있지만, 그중 대표적인 기업들은 'VR챗VRChat', '알트스페이스 VRAltspace VR', '스페이셜 VRSpatial VR' 등이다.

'VR챗'은 킬러 콘텐츠가 적은 VR 시장에서 '비트세이버Beat Saber'와 함께 투 톱이라 불러도 될 만큼 인기가 높은 편이다. 다른 소셜 VR 서비스와 달리 VR 기기가 없이도 이용할 수 있어 접근성이 좋고, 자신의 아바타나 게임 안의 가상세계를 창작할 수 있는 자유도도 다른 VR 서비스보다 높아 인기를 끌고 있다. 그리고 이런 인기에 힘입어 게임 내 이벤트 행사인 '버추얼 마켓Virtual Market'이 매년 열리고 있는데, 이는 가상공간 속 게임 안에서 아바타 제작자들이 자신이 만든 창작물들을 전시하고 판매하는 행사로, 아바타 모습으로 참석하여 입어 보고, 마음에 들면 구매도 할 수 있다.

2017년 마이크로소프트가 인수한 최초의 VR 기반 소셜 플랫폼 '알트스페이스 VR'의 활약도 눈여겨봐야 할 듯하다. 가상공간에서의 교육이나 연설 등 실시간 참여형 이벤트에 최적화된 서비스를 제공하고 있으며 점차 음악 공연, 패션쇼, 코미디 쇼 등 가상콘텐츠 플랫폼으로 진화해 가고 있다. 최근에는 버닝 맨 같은 대형 이벤트를 VR 가상공간에서 구현하는 것으로 관심을 받고 있다.

그리고 '스페이셜 VR'은 이 분야에서 최근 주목받고 있는 회사이다. 스페이셜은 AR/VR 기술을 이용해 멀리 떨어져 있는 사람들과 3D 아바타를 통해 마치 같은 공간에서 함께 있는 것처럼 일할 수 있는 협업 플랫폼이다.

이들 소셜 VR 서비스는 가상으로 만든 VR 속 공간에 아바타로 존재하면서 소통(강의, 회의 등)하는 기본적인 수준을 넘어서서, 이제는 가상 아이템 창작과 판매 그리고 콘서트 등의 콘텐츠 소비도 소셜 VR 서비스에서 즐길 수 있다. 특히 최근에는 코로나 문제로 이런 소셜 VR 기업의 서비스에 대한 이해도가 높아지고 인식도 개선되면서 사업적인 성공 가능성도 높아지고 있는 분위기다. 페이스북이라는 거대 기업이 앞장서서 길을 만들어 가고 있고, 많은 혁신적 소셜 VR 기업들이 서로 경쟁하며 VR 환경의 메타버스를 구현하려고 시도하고 있다.

포트나이트, 마인크래프트, 로블록스 같은 대형 인기 게임들이 지금은 '메타버스'로의 진화 과정에서 우위에 있다고 인정받고 있는 것이 사실이지만, VR 기반의 서비스들도 메타버스로서의 가능성과 잠재력은 충분하다고 보인다.

이제 '메타버스'가 어떠한 모습으로 만들어질지는 결국 소비자들의 선택에 달려 있다. Z세대와 알파세대들의 취향에 따라 미래의 인터넷인 메타버스의 승자가 결정될 것이다. 과연 누가 미래의 개척지인 메타버스를 차지하게 될까? VR 기반의 메타버스 서비스들이 사용성의 문제를 극복하고 미래의 인터넷을 장악할 수 있을까?

2) VR챗Chat

VR챗은 VR을 기반으로 하는 서비스이지만, VR 기기가 없어도 제한

VR챗

적으로나마 참여하여 즐길 수 있게 만들어졌다. 다만 컴퓨터로 접속하는 경우 캐릭터가 차렷 자세를 한 상태로 있어야 된다는 큰 단점이 있다. 그럼에도 불구하고 VR 장비를 제대로 갖춘 마니아가 아닌 경우에도 누구나 쉽게 접해 볼 수 있기에, 이것은 VR챗이 성공적으로 사업을 하는 데 중요한 요소로 작용하고 있다. 좋은 접근성을 바탕으로 2018년부터 VR 관련 콘텐츠 1위를 차지하고 있으며 '우간다 너클즈'라는 밈까지 유행시켰을 정도로 활발한 유저층을 보유하고 있다. 이런 열혈 충성 소비자들을 기반으로 킬러 콘텐츠가 극히 적은 VR 시장에서 비트세이버와 함께 투 톱을 차지하고 있다. 이처럼 VR챗이 VR 사용자들 사이에서 인기를 끌면서 가상공간 안에서 좀 더 자유로운 활동을 하고자 하는 욕구가 생기게 되었고, 이런 이유로 '풀 바디 트래킹Full Body Tracking'이라 불리는 세트 장비에 대한 수요가 크게 늘어나고 있다. 이는 일반적인 단순 VR 기기(HMD와 양손의 컨트롤러) 외에도 추가적으로 트래커Tracker라고 하는 기기를 이용하여 양발과 허리 등에 센서를 추가하여 전신의 움직임을 감지할 수 있도록 하는 것인데, 가상공간에서 전신의 움직임도 자연스럽게 표현할 수 있다.

전 세계에 이용자가 있어 다른 나라 사람들과 어울릴 수도 있다. 헤드셋을 통해 말을 할 수 있고, 상대방이 하는 말을 들을 수 있다. 물론 언어의 장벽이 있어서 원활한 소통은 되지 않지만 몸짓과 번역기를 이용한다면 어느 정도 소통은 가능하다. 정말 외국어가 자신 없다면 처음에는 한국인들이 주로 모이는 곳으로 가면 된다. 유튜브와 트위치를 이용한 스트리밍이 큰 인기를 끌고 있어, 먼저 관련 영상을 시청한 후에 이 서비스를 시작하는 방법도 괜찮다.

사실 VR챗의 가장 큰 매력 요소는 유니티 게임 엔진을 통해 직접 자신만의 아바타나 월드를 등록할 수 있다는 점일 것이다. VR챗 내에는 다른 메타버스 서비스에 비해 굉장히 많은 아바타들이 존재한다. 다른 곳에서 볼 수 있는 일반적인 아바타의 모습 이외에도 스파이더맨, 아이언맨, 피카츄 같은 만화 주인공 외형의 아바타와 심지어 과일 모양의 아바타 그리고 실제 인물을 모티브로 한 아바타들까지 정말 다양한 아바타를 만날 수 있다. 이렇게 다양한 아바타들이 있는 이유는 바로 사용자가 아바타를 직접 만들어서 업로드할 수 있는 기능 때문이다. 물론 이러한 아바타를 만들려면 전문적으로 컴퓨터그래픽 모델링부터 해서 유니티, 블렌더 같은 프로그램들도 잘 다룰 줄 알아야 하기에, 대부분의 이용자들은 다른 사람들이 만들어 놓은 아바타를 구매하여 사용하거나 아니면 이미 만들어진 모델에 다른 의상이나 머리, 악세사리 등을 편집하여 사용한다.

자유롭게 자신의 개성을 표현할 수 있는 다양한 아바타를 만들어 사용할 수 있다는 것과 함께 VR챗을 더 재미있는 곳으로 입소문 나게 한 것은 이용자들이 직접 만든 다양한 가상공간이다. 보통 월드 또는 맵이라 부르고 있는데, 컴퓨터그래픽 실력이 뛰어난 고수들이 자신의 능력을 마음껏 발휘할 수 있도록 하는 자유로움이 이곳의 매력 포인트 중 하나이다. 다양한 월드 중에 특히 한번 꼭 가 볼 만한 곳들은 많은 이용자들이 추천하는 글들을 인터넷에 남겨 두고 있으니 찾아서 PC로라도 방문해 보면 VR챗의 진정한 매력을 느낄 수 있으리라. 이렇게 이용자들에 의해 만들어진 수많은 월드 중에 VR챗에서 가장 유명하다고 할 수 있는 곳은 '버추얼 마켓'이다. 도쿄에 기반을 둔 VR 이벤트 회사인 히키HIKKY가 주최하는 버추얼 마켓은 2018년에 시작된 이래 1년에 두 번 여름, 겨울에 VR챗의 가상공간에서 개최되고 있으며, 2021년 8월 '버추얼 마켓6'가 열렸었다. 이 소셜 가상 이벤트는 '패러리얼 도쿄Para-real Tokyo'라고 불리는 가상공간에서 개최되며, 아바타를 비롯한 다양한 3D 아이템을 비롯해 옷과 음식 등 진짜 상품도 판매할 수 있는 세계 최대 규모의 VR 마켓이다. 버추얼 마켓이 열리는 기간 중에는 24시간 운영되며, 일본은 물론 전 세계 100만 명이 넘는 관람객이 참여하는 행사가 되었다. 상품 거래뿐만 아니라 영화를 감상하거나 공연을 관람하는 등 VR 공간에서 다양한 체험을 할 수 있는데, 최근에는 개인이나 셀럽뿐 아니라 디즈니, 아우디 등의 대기업도 참여해 실제 상품을 판매하며 VR 커머스의 가능성으로 더 주목받고 있다. 원래 '버추얼 마켓'은 개인 간 3D 가상상품을 거래하기 위한 목적으로 시작된 VR 시장으로, 창작의 자유가 보장되는 가상공간 속에서 상상력을 총동원한 멋진 전시가 화제가 되면서 빠르게 성장했다. 이제는 가상공간에서의 다양한 쇼핑 가능 상품과 최첨단 소매 경험을 제공하여 VR 상거래의 미래를 엿볼 수 있다는 평가를 받고 있다.

3) 알트스페이스Altspace VR

2017년 마이크로소프트가 인수한 최초의 VR 기반 소셜 플랫폼 '알트스페이스 VR'. 아무래도 마이크로소프트라는 IT 거대 공룡 기업이 인수를 하면서 사람들의 관심이 더 쏠리고 있는 기업이라 하겠다. 주로 가상공간에서의 교육이나 연설 등 실시간 참여형 이벤트에 최적화된 서비스를 제공하고 있으며 점차 음악 공연, 패션쇼, 코미디 쇼 등 가상 콘텐츠 플랫폼으로 진화해 가고 있다. 다른 소셜 VR 서비스인 '렉 룸Rec Room'이나 '빅스크린Bigscreen'이 주로 게임이나 영상(영화, 드라마)을 공유하며 시청하는 것에 초점을 맞추어 성장하고 있는 것과는 다른 전략으로, 알트스페이스 VR은 라이브 가상 이벤트에 집중하는 모습을 보여 주고 있다. 점차 크리에이터(주로 코미디언)가 이벤트를 쉽게 VR 환경에서 제작할 수 있도록 사용법을 간소화하고 있어, 인기가 있는 코미디언들이 직접 자신들의 쇼를 이곳에서 론칭하여 제작하고 있기도 하다. 특히 가상공간 속에서 이루어지는 스탠딩 코미디 프로그램은 VR에 적합한 콘텐츠로 받아들여지고 있으며, 혁신적인 마인드를 가진 코미디언들이 새로운 콘텐츠 기법을 알트스페이스 VR에서 적극적으로 활용하고 있다. 스탠딩 코미디나 토크쇼 형식의 라이브 프로그램 이외에도 VR 영화제를 개최하여 액션 스릴러 영화 〈어센트: 타임 슬립The Ascent〉을 VR 환경에서 처음 상연하고, 감독들과의 대화 이벤트도 진행했다.

2021년에는 버닝 맨 이벤트를 가상공간으로 옮겨 온 '버추얼 번 위크Virtual Burn Week'가 가장 주목할 만한 가상 이벤트였다고 할 수 있겠다. 버닝 맨은 미국 네바다의 사막에서 매년 열리는 문화 행사이다. 그런데 코로나 사태로 인해 가상공간에서의 이벤트 행사로 개최가 된 것이다. 2021년 8월 29일부터 9월 7일까지 알트스페이스 VR에서 진행된 이 가상 이벤트 행사는 실제 버닝 맨 행사장을 거의 그대로 디지털화한 형태로 공개되었다.

버닝 맨

4) 스페이셜Spatial VR

스페이셜은 최근에 주목을 받고 있는 소셜 VR 서비스다. 아바타를 만들어 가상공간에서 아바타들끼리 만나 함께 협업하고, 컨퍼런스나 회

스페이셜 VR

의 등을 하도록 설계되어 있다. 홀로렌즈를 보고 그 가능성에 사업을 시작하게 됐다는 이 기업은 원래 증강현실(AR) 기술로 기업의 원격회의나 작업을 돕는 B2B(기업 간 거래) 사업을 했었다. 그래서 사업 초기에는 서비스에 로그인하려면 300만 원이 넘는 고가의 AR 안경과 기업용 유료 아이디가 필요했다. 그런데 코로나 사태로 재택근무가 확산되면서 누구나 이용할 수 있도록 플랫폼을 무료 개방하고, 메타버스 서비스 기업으로의 변화를 꾀하고 있다. 모바일 앱과 PC버전이 출시되면서 VR 기기 없이도 스마트폰이나 태블릿 그리고 PC 모니터 화면을 통해서도 서비스를 사용할 수 있게 확장된 것이다. 이들은 페이스북이 여전히 자신들의 메타버스 서비스를 VR과 연결하여 진행하고 있는 것과는 다른 행보를 보이고 있다. 이 스페이셜의 서비스는 페이스북의 오큘러스 VR에서도 사용이 가능하지만, 아직 많은 사람들이 VR 기기에 대한 접근성이 떨어진다고 느끼고 있기 때문에 몇 가지 기능을 포기하더라도 모바일 기기나 PC에서 서비스를 이용할 수 있도록 하는 것이 대부분의 소셜 VR 기업들이 취하고 있는 방향이기도 하다.

서비스가 무료로 개방되자 기업에서 예상하지 못한 방식으로 사용하는 유저들이 생기게 되고, 이를 통해서 새로운 수익모델이 만들어지고 있다고 한다. 그 주인공은 바로 NFT 갤러리다. NFT는 디지털 작품에 대체 불가능 토큰을 입혀 작품의 소유권을 판매하거나 경매할 수 있도록 해준다. NFT와 연결된 디지털 작품 시장이 만들어지자 사람들은 디지털 작품을 미술관에서처럼 감상하고 싶어 하는 욕구가 생겼고, 그러한 시대적 요구에 스페이셜 VR이 적합한 솔루션을 제공하고 있는 것이다. 세계 최대 규모의 NFT 거래소 오픈시OpenSea가 가상의 갤러리를 스페이셜 VR 서비스 안에 열고 NFT에 올린 작품들을 감상하도록 하고 있다. 사용자들은 오픈시의 갤러리에서 그동안 팔렸거나 앞으로 거래될 작품들의 전시를 감상할 수 있게 된 것이다. (NFT에 대해서는 4장에서 자세히 이야기할 예정이다.)

4. 메타버스를 선점할 1순위 후보는 포트나이트Fortnite?

1) 포트나이트 현상

포트나이트는 에픽게임즈에서 개발하여 2017년에 출시한 온라인

비디오 게임이다. 이 게임을 만든 에픽게임즈는 국내에는 '언리얼 엔진Unreal Engine'이라는 게임 엔진을 개발한 회사로 더 잘 알려져 있을 정도로 포트나이트 게임은 국내 이용자들에게 인기가 없다. 그렇지만 미국을 위주로 하는 전 세계 시장에서의 게임 점유율은 세계 최고 수준으로 에픽게임즈는 이 게임 하나로 엄청난 돈을 벌어들이고 있다. 세 개의 게임 모드 중 '포트나이트 배틀로얄Fortnite Battle Royale'이 말 그대로 대박이 나면서 일약 최고의 게임으로 자리를 잡았다.

게다가 포트나이트는 인기가 있는 정도를 넘어서서 새로운 문화 현상까지 만들어 내고 있는 초대박 콘텐츠이다. 전 세계 게임 사용자가 2020년 3억 5천만 명을 넘어섰는데, 게임 속 아바타의 동작이나 춤을 따라 하는 것이 청소년들 사이에서 유행이 될 정도로 막강한 문화적 영향력을 발휘하고 있다. 이 게임의 열성 팬 중에는 미국의 유명 연예인과 스포츠 선수들도 많이 있어, 이들이 방송이나 경기장에서 게임 속 아바타의 특정 동작이나 춤을 선보여서 그 인기가 더 상승작용을 보이고 있기도 하다. 포트나이트는 크로스 플랫폼 게임으로 PC, 콘솔 그리고 모바일 기기 어디서나 게임이 가능하며 어느 디바이스로 접속을 하더라도 게임 속 사용자들이 같이 플레이할 수 있는데, 미국에서는 10~17세 청소년의 40%가 매주 한 번 이상 포트나이트에 접속해 전체 여가 시간의 25%를 보낸다고 하니 그 인기가 어느 정도인지 알 수가 있다.

그러나 한국에서의 포트나이트 인기는 초라하다. 세계적으로 큰 인기를 끌고 있는 게임이 꼭 한국에서도 인기가 있어야 하는 것은 아니지만 이렇게까지 외면을 받고 있는 것은 특이하다.

포트나이트가 한국 게임 시장에서 성공하지 못한 이유로 만화 같은 그래픽과 건축(하우징) 요소가 강한 것을 지적하는 의견이 많이 있다. 특히 전투게임에서는 사실적인 게임 그래픽을 선호하는 국내 게이머들의 취향에 포트나이트의 만화풍 그래픽은 호감을 얻지 못하고 있다는 것이다. 그리고 게임을 하면서 건물을 짓고 이것을 이용해서 자신을 방어하는 포트나이트의 독특한 건축 시스템은 한국의 게임 유저들에게 아직 낯선 부분으로 남아 있기 때문이다.

이 게임은 최대 100명의 사용자가 하나의 전투에 참여하여 최종적으로 생존한 게이머가 승리하는 구조인데, 게임 이용자들은 접속하게 되면 가상공간 속 환경에 맞춰 은폐를 위한 구조물을 만들 수 있도록 되어 있다. 그래서 이 게임에 익숙한 이용자들은 자신을 다른 게이머의 공격으로부터 막아 줄 은폐물을 짓는 것을 당연한 수순으로 여기고 있다. 게임 속 최후의 1인으로 살아남기 위해서는 총을 잘 쏘는 것보다도 건물을 빨리 잘 짓는 것이 중요하다. 사실 이러한 게임의 건축 요소는 마인크래프트에서 영감을 받아 시도한 것이라고 하는데, 전투게임에 건축 요소를 더해서 만들어진 게임이 포트나이트인 것이다.

이 게임이 어떻게 이렇게 큰 성공을 거두고 미국의 10대인 Z세대들의 소셜 플랫폼으로 자리를 잡았는가는 여러 가지로 분석될 수 있다. 어떤 요소가 성공에 결정적이었는가는 의견이 다양하지만 중요한 건 Z세대들의 마음을 사로잡아 그들이 시간을 주로 보내는 플랫폼으로 포트나이트라는 게임이 자리를 잡고 있다는 것이다. 이런 이유로 광고주들이 포트나이트에 관심을 두게 되었고 이 게임은 게임 자체로 벌어들이는 엄청난 수익 이외에도 협찬과 광고로 큰돈을 벌고 있다.

미국의 10대들에게 이 게임은 단순한 놀이가 아니라 또래들과의 소통을 위한 플랫폼 서비스로 받아들여지고 있다는데, 이는 그만큼 10대 사용자가 많다는 뜻일 것이다. 한국에서 카카오톡이라는 메시징 서비스가 거의 독점적으로 시장을 장악하게 되자 그 앱은 메시징 서비스의 기능을 넘어 생활의 필수품이 되어 버렸는데, 포트나이트 게임이 미국의 10대들에게 그런 서비스로 자리를 잡았다고 볼 수 있을 듯하다.

2019년 1월에 넷플릭스가 주주들에게 보낸 편지에서 "넷플릭스의 최대 라이벌은 HBO가 아닌 포트나이트다"라고 했다고 할 정도니까 얼마나 큰 인기를 끌고 있는지를 미루어 짐작할 수 있다. 게임이 이제는 단순히 기존의 전쟁놀이에서 그 역할을 확장하여 모든 콘텐츠를 게임 안으로 끌어들이고 있는 점도 눈여겨보아야 하는 시대적 흐름이다. 10대들은 포트나이트에 들어가 게임만을 하지 않는다. 그들은 이 게임 세계에서 머물며 또래들과 대화하고 소통한다. 그리고 여기서 자신을 자유롭게 표현하고 즐기고 있다. 음악을 게임 속에서 또래들과 같이 듣고, 영화를 게임 속 아바타로 시청한다. 공연을 게임 속 세상에서 즐기며 또래들과 게임 속에서 진행되는 라이브 팟캐스팅 방송을 듣는다. 그들의 거의 모든 일상이 게임 속에서 이루어지고 있는 것이다.

2) 버추얼 콘서트

솔직히 필자는 이런 10대들의 모습이 처음에는 이해가 잘 되지 않았다. 특히 유명 가수들의 공연이 포트나이트 게임 속에서 라이브로 이루어지고 이 공연을 아바타의 모습으로 게임 속에 들어가 즐기는 10대들의 모습은 정말 이상한 현상처럼 느껴졌다. 아니 어차피 PC든, 스마트폰이든, 게임 전용 기기든 모두 다 스크린으로 보는 건데, 함께 게임 속에 있는 다른 아바타들이 앞에서 공연하는 장면을 계속 가리게 되는 게임 속 공연을 왜 더 좋아하는 걸까? 그냥 TV 화면으로 공연을 보는 것이 다른 사람들의 간섭 없이 공연을 제대로 즐길 수 있는 것이 아닐까? 왜 게임 속에서 이런 공연을 즐기며 열광하는 것일까? 의문이 꼬리에 꼬리를 물고 생겨났다. 필자도 이미 50대가 되었으니 사실 그들을 이해하는 것은 어려울 것이라 인정한다. 그럼에도 최소한 이런 현상의 근원에 대한 호기심을 해결하고픈 생각이 들었다.

처음 포트나이트에 관심을 가지게 된 가장 큰 이유는 바로 '트래비스 스캇'이라는 가수의 공연이었다. 포트나이트 게임 속에서 유명 가수의 공연이 라이브 중계됐다는 기사를 접하고 직감적으로 이건 뭔가 콘텐츠의 미래를 바꿀 만한 이벤트라는 생각이 들었다. 게임의 수익모델에 대해 관심을 가지고 막 게임에 대해 이것저것 자료를 찾아보고 있었던 때였기에 이런 뉴스에 주목할 수가 있었다. 솔직히 나는 게임을 거의 하지 않았었다. 천성적으로 게임이라는 것이 나에게는 별다른 감흥을 주지 못했었기 때문이다. 내가 게임에 관심을 갖게 된 것은 한계가 보이는 방송쪽 수익모델의 대안으로 게임 수익모델을 보게 되면서부터이다. 그런 나에게 '트래비스 스캇'의 게임 속 공연은 솔직히 충격적이었다. 와, 이런 공연이 게임 속에서 가능하구나 하는 놀라움이 먼저였고, 그다음엔 이 공연을 게임 속에서 시청한 사람들의 숫자에 놀랐다. 방송을 통해 도달할 수 있는 시청자 수를 넘어 압도적인 시청자가 게임 속에서 이 공연을 보았다는 사실은 나에게 뭔가 새로운 세상이 다가오고 있음을 알려 주었다. 그러고는 무엇에 홀린 듯이 포트나이트가 그동안 실험적으로 해 왔던 게임 속 이벤트와 공연, 그리고 영화 상영 등을 하나하나 살펴보았다. 그러고 나서 나는 '메타버스'가 콘텐츠 산업의 미래라는 생각을 가지게 되었다.

포트나이트는 2020년 3억 명이 넘는 사용자로부터 18억 달러(약 2조 원)가 넘는 수익을 거두었다. 이렇게 엄청난 돈을 벌어들이고 있는 게임 경영진들은 왜 '파티로얄' 같은 평화지대를 게임 속에 만들고, 가상공연 같은 새로운 실험에 엄청난 돈을 투자하는 걸까? 그들이 보는 미래의 게임 산업은 과연 어떤 모습이길래 이런 움직임을 보이는 걸까? 다양한 방법으로 엄청난 돈을 벌고 있는 포트나이트는 왜 새로운 실험적 시도들을 계속하는 걸까? 그건 바로 지금 큰돈을 벌고 있는 그들의 수익모델이 포트나이트만의 것은 아니기 때문이다. 어떤 게임이든 게임 이용자들에게 인기를 얻게 되면 포트나이트가 지금 하고 있는 방법들을 다 활용해서 똑같이 돈을 벌 수가 있다. 그 이야기는 언제든 포트나이트의 인기가 없어지면 모든 수익모델들은 다 없어진다는 것을 의미한다. 게임을 이용하는 사람들이 항상 싫증을 느끼지 않도록 즐길 거리를 끊임없이 제공해야만 살아남는 서바이벌 게임이 포트나이트에게도 그대로 적용된다. 지금은 전 세계에서 가장 많은 게임 이용자를 보유하고 있지만 몇 년 전까지는 그 자리를 다른 게임이 차지했었다. 또 몇 년 후에는 다른 게임이 그 자리를 빼앗을 수도 있다. 그렇다면 게임을 좋아하는 미래세대들의 취향을 항상 주시하며 그들에게 사랑받을 수 있는 요소를 끊임없이 게임에 삽입시키는 노력이 필요한 것이다. 그래서 포트나이트는 수익 증대나 이미지 상승효과가 있으면서 Z세대들이 호감을 가지고 열광할 만한 다양한 실험들을 진행해 왔다. 게임 내에서 진행하는 기업들과의 협찬 이벤트도 사실 이 게임의 주 사용자들인 10대들에게 큰 호응이 있었기 때문에 아주 다양하고 재미있는 형태로 진행할 수 있었던 것이다. 온라인이나 모바일에서 제공되는 어떠한 서비스든 간에 만약 사용자들이 불편함이나 싫증을 느끼는 순간 사용자들은 다른 서비스를 찾아 언제든 쉽게 떠나갈 수 있다. 그렇기 때문에 서비스를 제공하는 회사의 경영진들은 사용자들이 계속 머물 수 있도록 끊임없이 새로운 흥밋거리를 제공하는 환경을 만들어 두어야 한다. 지금 최고의 인기를 누리고 있는 게임들도 마찬가지다. 시장에는 계속해서 새롭고 참신한 경쟁자들이 생겨나고 있다. 여기서 기존의 이용자들을 잡아 두려면 아무리 지금 인기가 있더라도 끊임없이 사용자들이 흥미를 느낄 것들을 제공하는 노력을 기울여야만 한다. 1등인 포트나이트가 감지한 미래세대들의 움직임이 바로 가상세계를 현실세계의 연장선으로 보고 이곳에서 또래들과 소통하려는 모습이기 때문에 그들은 게임 속 평화지대인 '파티로얄'을 만들고 버추얼 콘서트를 개최하고 있는 것이다.

포트나이트가 몇 년 동안 최고의 게임으로 자리를 잡고 시도한 다양한 실험 중에 필자가 가장 관심을 두고 있는 것은 게임 내의 라이브 공연 중계이다. 이건 그동안 보아 왔던 공연과는 완전하게 다른 새로운 장르라는 생각이 든다. 이제 막 시작된 이 새로운 장르는 포트나이트뿐 아니라 여러 게임에서 다양한 시도를 하면서 빠르게 발전하고 있다. 포트나이트 내에서의 가상공간 공연이 특히 주목을 받은 것은 DJ 마시멜로라는 유명 가수가 2019년 슈퍼볼Super Bowl 전날, 게임 내에서 가상 콘서트를 열어 약 1,100만 명의 사람들이 게임 서버에 동시 접속한 기록을 세우면서이다. 1천만 명이 넘는 동시 시청자를 가질 수 있는 플랫폼은 TV 이외에는 게임이 유일하지 않을까 생각한다. 물론 게임의 한계 때문에 하나의 게임 공간에 최대 100명이 접속 가능하기에 각자 볼 수 있는 화면에 모인 아바타의 수는 100명을 넘지 못하는 문제는 분명히 커 보인다. 우리가 대규모 공연에서 보는 수많은 관중이 모인 그런 장면은 아직 게임 내에서는 구현이 어렵다. 그런 이유로 내게는 다소 심심해 보였던 게임 안에서의 이 공연에 Z세대들은 열광했다. 이 공연은 게임 방송으로 유명한 트위치를 통해 게임 속에 들어와 있지 않은 사람들도 나중에 즐길 수 있었는데, 생방송이 끝난 후 유튜브에 올려진 이 공연 영상을 3,800만 명 이상의 사람들이 보았다고 한다.

DJ 마시멜로 가상공연(출처: 플리커, © Whelsko)

DJ 마시멜로 가상공연

DJ 마시멜로
가상공연

그리고 1년이 지난 2020년 4월, '포트나이트'는 트래비스 스콧의 환상적인 아바타 버추얼 공연 이벤트를 통해 기존의 엄청난 기록을 다시 한번 깨면서 1,230만의 동시 접속자 수를 기록했다. 방송을 통해 진행되는 대규모 이벤트에 버금가는 동시 시청자 수를 기록한 것은 게임이라는 콘텐츠가 이제는 콘텐츠 소비 플랫폼의 위치로 변화하고 있다는 것을 보여 주는 의미심장한 사례인 것이다.

사실 지금까지 성공한 게임들은 많았지만, '포트나이트'처럼 게임 목적 이외의 활동을 사용자들이 오래 머물면서 하는 경우는 없었다. 바로 이런 이유로 '포트나이트'가 메타버스를 선점할 1순위 후보로 꼽히고 있는 것이다. 포트나이트는 미래 인터넷 서비스의 중심 플랫폼으로 게임

이 진화하고 있다는 것을 보여 주고 있으며, 이제 단순한 기존의 전쟁놀이에서 그 역할을 콘텐츠 소비와 유통 플랫폼으로 확장하고 있다. 모든 콘텐츠를 게임 안으로 끌어들이고 있는 포트나이트의 이러한 움직임이 바로 시대적 흐름인 것이다.

게임이라는 가상공간 안에서 소비되는 콘텐츠, 이건 그동안은 존재하지 않았던 새로운 개념의 콘텐츠이다. 필자는 이 콘텐츠들을 '메타버스 콘텐츠'라 부르면 어떨까 한다. 메타버스라는 가상공간에서 소비되는 콘텐츠가 Z세대에게는 이미 그리 낯선 개념은 아니다. 게임 내에서 다양한 형식의 콘텐츠를 소비하고 있는 그들은 이러한 개념을 자연스럽게 받아들이고 있다. 이제 콘텐츠 산업 전문가들은 가상세계 내부에서 어떤 형식으로 콘텐츠를 제작할 것인지에 대해 고민해야만 한다. 이건 잠깐 스쳐 가는 유행이 아니라 콘텐츠 산업을 뿌리부터 바꿀 거대한 흐름이다. 컴퓨터그래픽이나 모션 캡처는 이제 어느 특정 장르에만 필요한 기술이 아니라 모든 콘텐츠 제작에 필수적인 요소로 자리를 잡게 될 것이다. 새로운 흐름을 받아들이고, 새로운 콘텐츠 기술을 익혀야만 하는 세상이 다가오고 있다.

3) 가상경제

게임은 다른 콘텐츠 분야에 비해 엄청난 중독성을 무기로 막강한 수익모델을 가지고 있다. 게임 판매나 구독 등의 유료 모델 이외에도 무료 게임에서 게임 내 과금을 하는 수많은 방법들이 개발되어 있다. 여기에 콘텐츠 사이에 광고나 협찬주의 제품을 노출시키는 PPL도 자유롭게 허용된다. 또한 대형 게임들은 대부분 각자의 가상통화 시스템을 보유하여 현금과의 교환도 가능하도록 해 두고 있다. 다른 콘텐츠 분야 종사자들이 너무나 부러워할 수익 구조를 가지고 있는 것이다. 포트나이트도 게임 내 통화인 '브이벅스V-Bucks'를 만들어 자체적으로 독립된 가상경제 체제를 갖추고 있다. 이 게임은 무료지만, 대부분의 무료 게임이 그렇듯이 잘 즐기기 위해서는 여러 곳에서 돈을 써야만 한다. 스킨 세트, 댄스 동작 및 기타 장식 아이템 등 게임 내에서 돈을 들여야 하는 곳은 너무나 많다. 게임을 같이 하는 또래 집단의 과시욕을 자극하는 다양한 가상상품들이 끝없이 쏟아진다. 게임 이용자들은 현금을 이 게임의 자체 통화인 브이벅스로 교환(환전)한 후 이것으로 게임 내에서 다양한 가상상품을 구매한다. 이러한 게임 이용자들의 작은 사치가 모여서 에픽게임즈는 엄청난 돈을 벌고 있는 것이다.

게임에 처음 입문하게 되면 기본으로 선택이 가능한 아바타가 등장한다. Z세대들에게 아바타는 가상세계에서의 자신이기에 개성을 표현하는 것이 무엇보다도 중요하다. 주어진 아바타 중에 가장 자신에게 맞는다고 판단되는 아바타를 고심 끝에 고르게 된다. 그러고는 기본 아바타 의상을 바꿀 수 있는 변신의 기회가 주어진다. 포트나이트 게임 속에는 아주 다양한 의상과 패션 제품 그리고 이벤트 아이템들이 준비되어 있다. 물론 공짜는 아니다. 하지만 가상세계의 나를 표현하는 아바타에게 그 정도 투자는 당연히 해야 한다고 그들은 생각하고 있다. 이런 아바타 패션을 위한 이용자들의 과감한 투자로 포트나이트는 엄청난 수익을 만들어 내고 있다. 포트나이트의 가상경제에는 개인들의 콘텐츠 구입 이외에 대기업들의 적극적인 참여도 크게 늘어나고 있다. 워낙 많은 사용자를 전 세계적으로 보유하고 있는 게임이기 때문에, 그리고 특히 미래의 소비를 주도할 Z세대들이 오랜 시간 머무는 가상공간이기 때문에 많은 기업들이 이곳을 자신들의 제품을 홍보하기 위한 최적의 플랫폼으로 생각하고 있다. 그리고 할리우드 영화나 대형 스포츠 이벤트의 경우에는 게임이라는 콘텐츠 안에서 새로운 형태의 콘텐츠를 제공할 수 있다는 가능성에 더 많은 관심을 두고 있다. 게임 이용자들은 자신의 분신인 아바타의 의상에 대기업 로고가 들어간 제품들을 자연스럽게 소비하고 있으며, 이러한 가상공간에서의 소비와 제품에 대한 이미지 상승이 현실세계에서의 실제 제품 구매에도 영향을 주고 있다고 홍보 담당자들은 믿고 있다. 미식축구협회(National Football League)는 포트나이트 플레이어가 리그의 32개 팀 유니폼을 아바타에 장착할 수 있는 계약을 체결했고, 유명 스포츠 브랜드 나이키는 게임을 통해서만 얻을 수 있는 독점적인 조던 제품을 이 게임에 협찬했다. 할리우드 영화 〈존 윅John Wick〉과 〈어벤져스Avengers〉는 게임 이용자에게 자신들의 영화와 관련된 특수한 탄약을 줄 수 있도록 하는 이벤트 협찬을 진행했다.

게임 아바타의 패션을 바꿀 수 있는 의상이나 아이템을 통칭하여 '스킨Skin'이라 부르는데, 이 스킨의 제작을 포트나이트는 외부에 허락하고 있지는 않다. 그리고 대중적인 인기를 끌고 있는 영화나 명품 브랜드와의 협업으로 회사의 통제 안에서 만들어진 스킨을 매 시즌 새롭게 선보이며 이용자들의 구매를 유도하고 있다. 메타버스를 구현하겠다고 공언하고 있는 다른 경쟁 서비스들(로블록스, 마인크래프트)이 대부분 스킨의 제작을 외부에도 허용하고 있는 것과는 다른 행보를 보이고 있는 것이다. 게임 내부의 아이템을 사용자끼리 판매하고 구매하는 거래에 대해서는 많이 들어 봤을 것이다. 메타버스를 지향하는 자유도가 높은 게임들은 이용자들이 가상상품의 창작가로 참여할 수 있도록 하고, 이를 거래해서 돈을 벌 수 있는 시스템을 가지고 있다. 이런 점에서 보면 포트나이트는 메타버스라기보다는 전형적인 게임이 맞지만, 점진적으로 메타버스적인 요소가 강화되고 있는 게임으로 현실적인 접근을 하고 있다고 봐야 할 것이다. 즉 지금의 수익을 잃지 않으면서 미래의 지향점을 혁신으로 두는 전략을 사용하고 있다 하겠다. 이런 이유 때문에 국내에서 메타버스 사례를 이야기할 때, 포트나이트에 대한 언급은 많이 등장하지 않는 편이다. 우리는 메타버스를 아바타가 원하는 모든 것을 할 수 있는 가상세계라고 일반적으로 정의하는데, 이 게임의 이용자들은 그저 게임 개발자들이 만든 가상공간을 이용하는 자유만 있을 뿐이지, 이용자들이 직접 게임 속 세상을 창작할 수 있는 자유는 없다. 포트나이트는 이렇듯 엄격하게 소수의 개발자들에게 관리되는 가상세계지만, 그럼에도 불구하고 이용자들은 기존의 게임에 비해서는 자유도가 높다고 느끼는 듯하다.

진정한 메타버스 서비스는 이용자들이 가상세계 속에서 창작한 것들이 그대로 계속해서 존재해야만 한다. 가상세계의 접속을 끊고 현실세계로 나왔다가 다시 로그인을 해도 그 전에 이용자가 바꾼 가상세계 속 환경이 창작을 한 본인에게는 물론 다른 이용자들에게도 유지되어야 하는 것이 메타버스이다. 하지만 이런 시스템으로 게임을 만들 경우, 다른 사람이 게임 속 환경을 나의 의지와는 다르게 바꾸는 것을 혼란스러워하는 사람이 생길 수 있다. 내가 잠깐 가상세계를 나갔다 들어왔더니 누군가의 창작 행위로 바로 전의 환경과 다른 상황이 나타난다면 이를 싫어

할 수도 있기 때문이다.

게임이 게임에 참여하는 사람들에 의해서 계속 변한다면 지금의 인기 게임들은 많은 이용자들이 서비스를 탈퇴하고 다른 게임으로 갈아탈 수도 있다. 그래서 포트나이트 같은 게임은 절충안을 사용하고 있는 것이다. 모든 게임에 메타버스적인 요소를 반영하지는 않고, 파티로얄이라는 특정 가상공간을 만들어 이곳에서는 메타버스를 사용자들이 만끽할 수 있도록 하고 있는 것이다. 이는 기존에 내가 좋아하던 게임도 하고, 더불어 가상세계 속에서의 평화와 자유를 누려보게도 하는 양면 작전인 셈이다.

5. 마인크래프트와 메타버스

1) 엔비디아 CEO가 뽑은 최고의 메타버스 후보

'포트나이트'가 Z세대들에게 인기가 많다 보니 그들의 커뮤니티이자 플랫폼으로 자리를 잡게 되면서 '메타버스'라는 가상세계의 선두주자로 많이 언급되고 있지만, 그에 못지않게 기대를 모으고 있는 게임이 바로 '마인크래프트Minecraft'다. 마인크래프트는 엔비디아의 CEO 젠슨 황이 '메타버스' 최고의 후보로 꼽은 게임이기도 하다. 사실 게임이 가진 속성이나 내용을 보면 포트나이트보다는 오히려 이 게임이 '메타버스'에 가깝다고 말할 수 있을 것이다. 모든 것이 네모난 블록으로 이루어진 세계에서 혼자, 혹은 여러 명이 생존하면서 건축, 사냥, 농사, 채집 등을 하며 정해진 목표 없이 자유롭게 즐길 수 있다. 자유도가 아주 높은 게임이면서 게임 공간 속에서 필요한 모든 것을 스스로 만들어야 한다는 점에서 메타버스에 가장 가까운 형식을 보유한 게임이라 하겠다. 2011년 발매 이후 오랜 기간 인기를 얻고 있는 게임으로, 포트나이트가 전투게임에 건축 시스템을 결합하는 아이디어를 마인크래프트에게서 영향받은 것으로 알려져 있다. 3억 명이 넘는 이용자를 보유한 포트나이트보다는 적지만, 현재 1억 명 이상의 게임 이용자들이 전 세계에서 이 게임을 하고 있다. 국내에서도 오랫동안 게임 유튜버들에게 사랑을 받아 왔기 때문에 많이 알려져 있는 게임이기도 하다.

'마인크래프트'는 '샌드박스 게임'의 대표 주자이다. '샌드박스 게임'은 아이들이 모래로 소꿉놀이하듯 자유롭게 무언가를 만들 수 있는 방식의 게임을 지칭하는 용어로 다른 말로는 '오픈 월드 게임'이라고도 한다. 게임에서 이용자에게 많은 자유를 주는 것을 "자유도가 높다"라고 표현한다. 이것의 의미는 "게임에서 정해 둔 규칙이나 제한 없이, 게임 이용자가 자유롭게 하고자 하는 어떠한 행동이든 할 수 있다"라는 뜻이다. '자유도'가 높은 게임들은 게임 속 아바타가 자유롭게 행동하는 것 이외에도 게임 속에서 이용자가 새로운 환경을 스스로 만들 수 있도록 하는 능력까지 부여해 준다. '마인크래프트'는 개방적이고 창의적인 3D 블록 빌딩Building 게임으로, 게임 안에는 땅과 숲 그리고 돌 등 개척되지 않은 천연의 자연만이 펼쳐져 있다. 그리고 그 모든 것들은 레고 형태의 블록으로 구성되어 있다. 게임 참여자는 이 미개척지의 모든 것을 채굴하여 새로운 것을 만들어야 한다. 게임 안에서 원하는 모든 것을 할 수 있도록 최대한의 자유를 주고 있어, 마인크래프트 게임 참여자는 게임 속 환경을 자유자재로 변화시킬 수 있는 것이다. 게임 안에 집과 건물을 짓기도 하고 심지어는 하나의 도시도 만들 수 있다. 게임의 가장 큰 목표가 게임 내에서의 창작인 셈이다.

게임이라고 하면 우리는 대부분 총을 쏘거나 격투를 하는 것이 일반적이라고 생각한다. 그래서 이 게임은 그런 일반적인 게임의 기준으로 보면 아주 특이하고 또 재미없어 보인다. 왜 이런 게임을 하지 하는 생각도 든다. 그런데 이 게임을 즐기는 사람들과 얘기해 보면 게임이 너무 재미있다고들 한다. 그러고 보니 유튜브의 게임 관련 콘텐츠 중 마인크래프트 게임과 관련된 것들이 가장 많다. 우리 인간에게는 뭔가를 만드는 것에 대한 창작욕이 분명히 존재하는 모양이다. 세상에 없던 무언가를 만든다는 것이 주는 쾌감이 있는 것이다. 그게 가상세계라고 할지라도 말이다.

현실에서는 불가능해 보이는 것들도 만들 수 있다는 점이 가상세계 창작의 매력이라 할 수 있겠다. 언론 자유 수호를 위해 설립된 글로벌 단체 '국경 없는 기자회'가 여러 국가(이집트, 멕시코, 러시아, 사우디아라비아, 베트남 등)의 검열된 기사들을 모아 둔 '검열 없는 도서관'을 마인크래프트 안에 구현한 것이나, 코로나로 개학이 어렵게 되자 대학들이 게임 안에서 교실과 캠퍼스를 지어 수업을 하고 아바타로 참석하는 졸업식까지 열었던 것 등이 좋은 예라 할 것이다. 1순위 메타버스 후보인 포트나이트가 아쉬웠던 부분인 가상공동체 내에서의 창작과 자유도 면에서 마인크래프트는 상당히 진취

검열 없는
도서관

적이고 개방적이다. 이런 점 때문에 엔비디아의 젠슨 황이 이 게임을 최고의 '메타버스' 후보로 꼽은 것이다. 포트나이트가 기업에 의해 만들어진 계획도시 같은 메타버스라면, 마인크래프트는 게임 참여자들이 함께 만들어 가는 '자발적인 공동체 메타버스'라고 부를 수 있을 듯하다. 이런 이유에서인지 이 게임은 1억 8천만 장 이상이 판매되어 지금까지 출시된 게임 중에 가장 많은 판매고를 올린 게임이라고 한다. 두 번째로 많이 팔린 게임이 '테트리스'라고 하니 정말 대단한 기록이라 하겠다. 게임이라고 하는 우리의 고정관념과 많이 다른 이 독특한 블록 세상 만들기가 이렇게 많은 사람들에게 사랑을 받고 있다는 것은 정말 대단하다.

2) 마인크래프트 아바타 그리고 가상경제

초창기 마인크래프트는 게임을 시작하면 기본적으로 하나의 아바타가 적용이 되었다. 이름은 '스티브'로 이것 이외에 다른 아바타를 선택하는 과정은 없었다. 나중에는 몇 개의 아바타가 더 생겼지만 말이다. 아바타를 자유롭게 선택할 수 없는 이러한 제약은 마인크래프트 이용자들에게는 상당한 문젯거리였다. 가상공간에서 나를 대변하는 아바타가 다른 이용자들과 구별할 수 없는 모습이라는 것은 끔찍한 일이었다.

당연히 이 게임을 하는 이용자들은 자신의 분신인 아바타가 다른 사람들의 그것과 똑같은 것을 좋아하지 않았다. 그래서 마인크래프트 이용자들은 외부 개발자들이 제작하여 판매하는 다양한 스킨을 구매하여 자신의 아바타를 개성 있게 꾸민다. 마인크래프트 기본 캐릭터에 어울리는 스킨을 제작하여 판매하는 개발자들이 이러한 이용자들의 패션 욕구를 채워 주고 있으며 이런 스킨의 구매 시장은 꽤 큰 규모로 형성되어 있다. 컴퓨터그래픽 실력이나 개발 능력이 있는 이용자들은 본인이 직접 세상에 하나뿐인 스킨을 제작하는 경우도 있지만, 대부분의 경우에는 다른 사람이 만들어 놓은 스킨을 다운로드하여 적용하고 있다. 이렇게 자신의 아바타 모습을 바꿀 수 있는 스킨을 외부 개발자가 제작하도록 허용하고, 이용자들이 자유롭게 자신이 원하는 모습의 아바타로 변신할 수 있는 자유를 허락하고 있는 것이다. 게임 내의 가상상품이나 아바타의 모습을 바꿔 주는 스킨은 누구나 만들 수 있도록 개방되어 있다. 그리고 이렇게 창작된 가상상품을 거래할 수 있는 시장인 '마인크래프트 마켓 플레이스'도 만들어 두었다. 게임 참여자들의 창작에 대한 자유를 최대한 부여해 주고, 만들어진 창작물의 거래를 활성화하여 자발적인 가상경제 공동체를 만들어 가고 있는 것이다.

이 같은 높은 자유도와 창작의 자유가 주어져 있어, 이를 활용하여 주요 사용자인 젊은 층들을 겨냥한 창의적인 이벤트들이 자율적으로 나타나고 있다. 마인크래프트 게임에 대한 일정 수준의 지식을 가진 사람이라면 누구나 자신이 원하는 것을 게임 안에 만들 수 있고, 이를 다른 게임 이용자들과 함께 즐길 수 있도록 무한의 자유가 주어져 있는 것이다. 친구들끼리 비밀스러운 모임을 열 수도 있고, 공공 기관에서 의미 있는 이벤트 행사를 개최할 수도 있다. 2020년 5월 5일 어린이날에는 한국의 청와대가 게임 전문 MCN 기업인 샌드박스 네트워크와 함께 청와대 맵을 마인크래프트에 제작하고 이곳에서 다양한 관련 콘텐츠를 볼 수 있도록 하는 이벤트를 진행하면서 국내 다른 기관들의 참여를 폭발시켰다.

뒤를 이어 새만금의 '만금이크래프트', 인천시의 '인천크래프트', 전주문화재야행 등의 이벤트가 이 게임 안에서 이루어졌다. 마인크래프트 측은 이벤트가 개최되는 이런 모든 활동에 무한의 자유를 주고 있기 때문에 버추얼 행사의 개최자나 행사에 참여하는 이용자들 모두가 게임 내에서의 모임을 자연스럽게 받아들이는 환경이 만들어져 있다.

여기에 공동체의 가상경제를 위해 마인크래프트는 게임 내 자체 통화인 '마인코인Minecoin'도 만들어 완전히 독립적인 가상경제체제를 보유하고 있다. 마인크래프트 마켓 플레이스는 1억 명이 넘는 이용자가 참여하는 가상공동체의 가상제품 유통 시장이기 때문에 그 규모도 상당하다. 이러한 가상경제 공동체로서의 엄청난 잠재력 때문에 마이크로소프트가 엄청난 금액으로 이 게임사를 인수한 것이라 하겠다. 마인크래프트에는 게임 이상의 미래 가치가 있다고 판단한 마이크로소프트는 자사의 다른 여러 서비스들과 이 게임을 연계하여 미래의 메타버스에 대한 큰 그림을 그리고 있는 중이다.

6. 알파세대의 메타버스: 로블록스Roblox

1) 알파세대의 메타버스 플랫폼

미국의 Z세대들이 모이는 메타버스 플랫폼이 '포트나이트' 게임이라면, 그들의 후배 세대인 알파Alpha세대들의 메타버스 플랫폼은 '로블록스'다. 현재 전 세계적으로 1억 5천만 명이 넘는 이용자를 확보하고 있는 이 게임의 핵심 이용자층은 7~12세로, 주로 초등학생들이 열광하고 있다. 알파세대는 2011년 이후 태어난 세대를 의미하는데, 2025년에는 그들이 전 세계 인구 가운데 20억을 차지하는 주류 세대가 된다고 한다. 이들이 Z세대(1996~2010년 사이에 태어난 세대)와 구분되는 지점은 바로 '인공지능'이다. 2011년은 애플의 인공지능 음성 비서 '시리Siri'가 출시된 해였다. 알파세대는 태어나면서 인공지능을 접해 본 세대로, 그들이 어떠한 특징을 보여 주는가에 따라 미래의 환경이 완전히 달라질 수도 있다.

ROBLOX

로블록스

로블록스는 블록 형태의 아바타 스타일 그리고 높은 자유도를 가진 게임이라는 점에서 마인크래프트와 자주 비교가 되고 있는데, 심지어 표절한 것이 아니냐는 의심을 받기도 했다. 그런데 마인크래프트보다도 로블록스가 일찍 만들어진 게임이라고 한다. 최근 이용자가 폭발적으로 늘어나면서 마인크래프트를 앞지르기 시작했고, 이용자 대부분이 미래의 소비자인 알파세대라는 점에서 떠오르는 메타버스계의 샛별로 평가받고 있는 중이다. 매일 4천만 명이 접속하여 하루 2.5시간씩 게임 속에서 시간을 보내는, 말 그대로 알파세대들의 놀이터이다.

2006년 출범한 로블록스는 약 5천만 개 이상의 게임을 유통하는 플랫폼이다. 플랫폼을 구성한 게임들은 로블록스에서 제공한 개발 툴인 로블록스 스튜디오로, 이용자들이 직접 만든 것이다. 알파세대들은 로블록스 플랫폼에서 단순히 게임을 즐기는 것을 넘어서 직접 게임을 만드는 것을 즐기는 것이다. 그들은 자신만의 가상세계를 창조적으로 디자인하는 세대이다. 이렇게 자신이 만든 가상세계인 게임을 친구들과 공유하고 즐기면서 돈까지 버는 모습에서 알파세대의 새로운 특징을 발견할 수가 있다. 그들은 자신들이 만든 게임 공간에서 대화(채팅)를 하거나 재미있는 이벤트를 열어 또래 친구들과의 친목을 다지기도 한다. 로블록스가 단순히 게임 유통 플랫폼이 아닌 확장된 소셜네트워크서비스(SNS) 공간으로도 평가받는 이유이다.

게임이면서, 게임 제작 플랫폼인 로블록스는 컴퓨터에 다운로드하면 '로블록스 스튜디오'라는 게임 제작 도구가 함께 설치된다. '로블록스 스튜디오'에는 게임을 만드는 블럭과 도구들 그리고 오브젝트들이 있고, 다른 사람이 만든 오브젝트를 자신이 만들고 있는 게임에 추가해도 된다. 게임 제작에 소요되는 시간은 몇 주부터 몇 개월로 천차만별이지만 전문적인 기술이나 높은 컴퓨터 사양을 요구하지 않아 누구나 쉽게 접근 가능하다. 1억 5천만 명이 넘는 이용자 중 2백만 명 정도가 게임을 만들어 로블록스에 출시했다. 초등학생도 게임을 제작하여 업로드하는 것이 가능하다. 그래서 등록된 게임 수가 5천만 개가 넘을 수 있는 것이다. 물론 대부분의 게임들이 허술해 보이는 것이 사실이지만, 이 중에는 상업적인 성공을 거둔 게임들도 꽤 있다. 로블록스에서 가장 인기 있는 게임인 '입양해 주세요(Adapt Me)'의 동시 접속자 수는 30만 명이 넘는 경우까지 있으며, 이 밖에 로블록스 인기 순위 10위권 안에 있는 게임들은 대부분 1만에서 10만 단위의 동시 접속자 수를 기록하고 있다.

2) 로블록스 가상경제

게임도 즐기면서 자신의 게임을 만들어 수익을 거둘 수도 있는 로블록스는 '게임 회사'라기보다 개발자에게 자신만의 게임을 만들 수 있도록 도구를 제공하는 '플랫폼 회사'에 가깝다고 하겠다. 그 점에서 유튜브 1인 크리에이터처럼 게임 크리에이터를 최고의 희망 직업으로 꼽을 미래가 열릴 수도 있을 듯하다. 게임 콘텐츠 소비자이기도 하지만 생산자인 로블록스 이용자들은 게임 전체를 만들 수도 있지만 아바타를 꾸미는 의상이나 반려동물 그리고 게임 내에서 필요한 아이템만을 제작하여 판매하는 것도 가능하다. 제작해서 만든 결과물은 다른 플레이어에게 판매할 수도 있다. 직접 만든 창작물이나 게임은 별도의 검열이나 품질 검사 없이 게임이 제공하는 플랫폼에 자유롭게 올릴 수 있으며, 유저들도 해당 게임이나 창작물을 자유롭게 구매하고 즐길 수 있다. 유튜브가 영상 콘텐츠의 수익모델을 온라인에 만들면서 지금의 콘텐츠 왕국으로 등극할 수 있었던 것처럼, 로블록스는 게임을 누구나 쉽게 만들 수 있도록 제작 도구를 제공하고, 여기에 수익모델을 게임 개발자들에게 제공하면서 게임 영역에서 유튜브가 성공시킨 콘텐츠 수익의 선순환 구조를 만들어 가고 있다. 로블록스 게임 개발자들이 벌어들이는 수입은 이미 상당한 수준이다. 로블록스가 발표한 내용에 따르면 2020년 로블록스에서 게임을 만들어 판매하는 개발자들이 벌어들인 총수익은 약 3억 2,870만 달러(약 3,714억 원)이며, 한 달에 10만 달러(약 1억 1,248만 원)가 넘는 매출을 내고 있는 개발자도 300명이 넘는다고 한다. 영상 크리에이터가 유튜브와 광고 수익을 나누는 것처럼, 게임 개발자는 로블록스와 아이템 판매 수익을 배분한다. 판매 수익은 가상화폐 로벅스Robux로 받는데, 10만 로벅스가 쌓이면 '개발자 환전(데벡스, DevEx) 프로그램'을 통해 80로벅스당 약 1달러로 환전할 수 있다. 로블록스는 게임 내에서 구글 플레이 스토어나 애플 앱스토어처럼 인기 순위, 매출 순위 등을 제공하며, 게임별로 평점도 제공한다. 게임별 동시 접속자 수도 표기해 주며, 이에 따른 순위와 즐겨찾기 횟수 등도 개발자들이 볼 수 있도록 해 주고 있다. 또한 로블록스 생태계에서 개발자들의 중요성이 점차 커지면서 '로블록스 개발자 컨퍼런스(RDC: Roblox Developer Conference)'를 개최하여 선순환 구조를 더욱 굳건하게 만들고자 하는 노력을 기울이고 있다.

대부분의 게임 참여자들은 처음엔 무료로 게임을 시작하지만 곧 현금을 로블록스 자체 화폐인 '로벅스'로 바꾼 다음 아바타의 여기저기를 꾸밀 아이템을 구매하게 된다. 로벅스는 4.99달러에 400로벅스, 9.99달러 800로벅스, 19.99달러 1,700로벅스로 구입 가능하다. 로벅스를 소지한 게임 이용자가 자신이 좋아하는 게임을 즐기면서 그 게임 속 아이템을 로벅스를 주고 구매하면 그 돈의 일부가 개발자에게 지급되는 구조인 것이다. 결국 로블록스 생태계에서 가장 중요한 것은 많은 게임 이용자를 확보하는 것이며, 두 번째는 이러한 게임 이용자들이 싫증을 느끼지 않고 즐길 수 있는 많은 게임이 존재해야만 한다. 로블록스는 이러한 생태계 구축을 지혜롭게 잘해 온 것이 인정되어, 증권시장의 성공적인 IPO를 이루어 냈고 미래 성장 기업임을 인정받았다. 하지만 장밋빛 미래 전망에도 많은 적자를 기록하고 있다는 점은 위험 요소로 여겨지고 있다.

7. 동물의 숲

1) '모여봐요, 동물의 숲' 열풍

2020년 3월 '모여봐요, 동물의 숲'이라는 게임이 출시되자, 닌텐도의 게임 전용 기기인 '닌텐도 스위치'가 품귀 현상을 일으키며 말 그대로 동물의 숲 열풍을 만들었다. 동물의 숲 게임 타이틀은 게임 숍은 물론 대형 마트에서 구하기 힘들 정도로 빠르게 팔려 나갔고, 그 인기에 더 많은 구매 희망자들이 줄을 서는 진풍경을 연출해 냈다. '동물의 숲'은 닌텐도의 비디오 게임이다. 이 게임은 플레이어가 동물들이 살고 있는 숲속의 마을로 이사 가서 살면서 산책하고, 집을 꾸미고, 곤충 채집을 하고, 낚시도 하고, 동물 이웃들과 교류하는 등의 평범한 활동을 하는 커뮤니케이션 게임이다. '동물의 숲'은 2001년 첫 발매 후, 시리즈로 계속 업데이트되어 출시되고 있는데, 자유도가 높아 게임이 제공하는 범위 내에서 하고 싶은 일은 거의 무엇이든지 할 수 있지만, 게임 이용자의 모든 행동은 마치 현실세계에서처럼 책임져야 할 결과를 만들어 낸다.

2001년 이후 여러 차례 동물의 숲 시리즈가 발매되면서 그동안 이 게임에 나름의 마니아들이 만들어져 있었다가 2020년 3월에 발매된 '모여봐요, 동물의 숲'의 대박으로 닌텐도는 전용 게임기인 스위치까지 엄청난 판매 기록을 만들어 내며 최고의 게임사라는 것을 다시 한번 각인시켰다. 이 게임은 심즈Sims나 세컨드 라이프처럼 게임이라는 가상공간에서 우리가 일상적으로 하는 현실세계의 행동들을 재현한다. 동물들이 사는 숲속이라는 가상공간에 나의 아바타로 참여하여 그 속에서 나의 집을 가꾸고, 정원을 꾸미고, 낚시도 하고, 농사도 짓는 등 한적한 전원생활을 한다. 전 시리즈까지는 마을 꾸미기였던 것이 '모여봐요, 동물의 숲'에서는 마을보다 더 커진 섬을 배경으로 게임이 진행된다. 첨단 게임 속에서 낚시, 채집 등을 통해 아이템을 얻고 게임 속 생활을 즐기는 전원생활이라니 참 독특한 발상이다. 만화 속 풍경 같은 게임 속에서 편안한 전원생활을 하는 게임에서 사람들은 힐링을 느끼게 된다. 전투게임에서 마음껏 상대를 부수고 나서 파괴본능을 해소하며 느끼는 희열만큼이나, 만화 같은 게임 속에서 고즈넉한 분위기를 즐기는 휴식본능의 희열을 느끼는 것이 우리 인간인 것이다. 이미 심즈라는 게임의 대중적인 성공으로 이러한 게임에 대한 요구가 있다는 것은 확인되어 있었다 하겠다.

'모여봐요, 동물의 숲'에서는 게임 이용자들이 '마이 디자인'을 통해 옷을 디자인하고, 섬을 꾸밀 수 있다. 어떻게 디자인하느냐에 따라 자신은 물론 섬 전체를 독특하게 꾸밀 수 있다. '마이 디자인'은 이 게임의 그래픽 창작 프로그램으로, 포토샵처럼 어떠한 것이든 게임 내에서 사용 가능하도록 원하는 모습과 색상으로 만들 수 있다. 컴퓨터그래픽에 자신 있는 이용자들은 직접 모든 것을 만들 수도 있지만, 그렇지 않은 대부분의 이용자들은 이미 제작되어 있는 의상이나 제품을 QR코드나 ID를 통해 공유받아 사용할 수 있다. 이 게임이 큰 인기를 얻게 되자 게임 속 아바타의 의상을 모아서 보여 주는 인스타그램 계정도 많이 등장하게 되었고, 사람들은 마치 셀럽의 계정을 보듯이 이 게임 아바타의 패션을 인스타그램 계정으로 즐기는 행태를 보이고 있다. 이처럼 게임 속 패션에 많은 사람들이 관심을 보이자, 명품 의류 회사에서 '모여봐요, 동물의 숲'에 자신들의 의상을 노출하고 싶어 하게 되었고 구찌, 발렌티노, 마크 제이콥스 등 세계적인 패션 명품 회사들 의상이 이 게임에서 아바타를 위해 제공되었다.

2) 꿈번지 마케팅

K-POP 인기 그룹 '블랙핑크'는 2021년 8월 데뷔 5주년을 맞아 '모여봐요, 동물의 숲'에 블랙핑크의 섬인 '인 유어 에어리어In Your Area'를 열었다. 블랙핑크섬에는 이들의 온라인 콘서트 '더 쇼' 공연장, 히트곡의 뮤직비디오 세트, YG 엔터테인먼트 신사옥 내 녹음실 그리고 댄스 연습실까지 다양한 공간이 구현되어 있다.

동물의 숲 게임 이용자들에게 마케팅을 하기 위한 전략의 일환으로 이러한 게임 속 공간을 만든 것이다. 이곳은 게임을 하는 사용자라면 누구나 게임 속에서 들어와 체험해 볼 수 있는 열린 공간이다. 그런데 이 게임은 온라인 등을 통해 최대 8명까지 자신의 섬에 친구들을 초대할 수 있도록 하고 있다. 8명 이상은 자신의 섬에 초대를 할 수가 없는데 어떻게 이런 마케팅이 가능한 걸까? 그 비밀은 바로 '꿈번지'이다.

게임 이용자 누구나 방문할 수 있도록 자신이 꾸민 섬을 개방하기 위해서는 '꿈번지'를 등록해 두어야 한다. 자신의 섬 꿈번지를 등록하면 이 게임 지도 및 여권에 꿈번지가 표기되며, 꿈번지를 입력하면 누구든 이곳에 방문할 수 있다. 다른 사람의 섬에 방문하고자 하는 사람은 자신의 방 침대에 누워 꿈번지를 입력하고, 꿈속에서 그곳을 방문한다는 콘셉트인 것이다. 참 기발한 아이디어라 생각된다. 꿈속에서 방문을 하기 때문에 꿈번지를 통해 방문한 아바타는 그곳의 환경을 변화시킬 수는 없다. 그저 꿈속 광경처럼 구경만 하고 오는 것이다. 그리고 꿈에서 깨고 싶다면 방문한 섬의 광장에 설치된 침대에 누우면 된다. 만화 같은 예쁜 발상이다. 이런 방식으로 이 게임은 자신만의 섬이라는 개인의 사생활을 지켜 주고 있는 것이다. 나의 섬에 들어오는 사람에 대한 모든 통제 권한은 나 자신에게 있다는 점에서 게임 속 가상세계에서도 사생활 보호를 아주 중요하게 생각하고 있다는 철학이 느껴진다.

블랙핑크의 섬에 방문하고자 하는 사람들은 공개된 이 섬의 꿈번지를 입력하면 마치 꿈속에서처럼 자신이 가고자 하는 섬으로 들어갈 수 있게 된다. 게임 이용자가 전 세계에 많이 있기 때문에 이처럼 꿈번지를 통한 이벤트가 큰 영향력을 줄 수 있어 수많은 기업들이 이 기능을 이용해 적극적으로 자신들의 마케팅을 전개하고 있다. LG전자도 OLED섬을 게임 안에 만들어, 꿈번지를 통해 해당 섬을 방문할 수 있도록 했다.

기업들뿐 아니라 정치적 이슈를 알리고자 하는 사람들도 자신들의 메시지를 동물의 숲이라는 게임 안에서 전달하려고 많은 시도를 하기도 했다. 홍콩 민주화 시위를 이끌어 온 조슈아 웡은 자신의 트위터 계정에 동물의 숲이 민주주의를 위해 싸우고 있는 홍콩 시위대의 새로운 길이 되고 있다고 글을 올렸었는데, 실제로 자신의 게임 속 섬에 홍콩 민주화 관련 글귀를 올려 두기도 했었다. 그리고 그의 뜻을 지지하는 많은 사람들이 동물의 숲 게임 속에서 응원을 하기도 했다. 2020년 미국 대선에서는 조 바이든 후보 측이 동물의 숲에 '바이든섬'을 만들고 선거 운동을 하기도 했다. 이 게임 이용자 중 그를 지지하는 사람들은 자신의 섬에 바이든 깃발을 세우거나 아바타에 바이든 진영의 의상을 입히는 행위로 지지를 적극적으로 표현하기도 했다. 이러한 사례들로부터도 알 수 있듯이 이 게임은 단순한 가상공간을 넘어서 사용자들의 현실과 연결되어 있는 우리 삶의 일부분으로 자리 잡고 있는 것이다.

이처럼 게임이 현실에 큰 영향을 주게 되자 닌텐도는 2020년 10월 자사 홈페이지를 통해 '기업과 단체들을 위한 동물의 숲 사용 지침'을 발표했다. 해당 지침에 따라, 기업들의 '동물의 숲' 활용 프로모션과 이를 활용한 수익 창출을 금지했다. 그리고 게임 이용자들이 SNS나 쇼핑 판매 페이지 등을 안내하는 행동도 금지했다. 각 섬 이용자들이 무작위로 섬 초대(꿈번지 코드)를 보내고, 방문객들을 자신들의 쇼핑몰로 연결해 홍보하는 것 등의 문제점들이 많이 나타났던 것이다. 무분별한 홍보나 정보는 게임 이용자들을 지치게 하고, 게임에서 떠나가도록 할 수 있기 때문에 사려 깊은 해결책이 필요했던 시점이라고 닌텐도에서는 판단한 듯하다.

8. 화상회의 메타버스 플랫폼

1) 줌Zoom

화상회의 플랫폼을 서비스하는 여러 회사 중에서 최근 가장 크게 성장한 회사는 바로 줌 비디오이다. 줌 비디오는 2011년 4월 캘리포니아주 산호세에 설립된 회사로, 화상통화 서비스에 특화된 기술력을 보유하고 있다. 이 회사의 설립 초기에는 화상통화 시장이 이미 포화 상태라고 대부분의 전문가들이 판단하고 있어서 투자를 받는 것이 상당히 힘들었다고 한다. 그럼에도 불구하고 뛰어난 줌의 사용성에 힘입어 2017년에는 설립 10년 내에 기업가치 1조 원을 달성한 비상장 기업에게 주어지는 유니콘 기업에 이름을 올렸다. 그 뒤로 2019년에는 주식 시장에 상장되며 건실한 성장세를 보여 주었다. 그러고는 코로나로 인한 비대면 환경이 기업의 폭발적인 성장을 견인하며 세계적인 기업으로 자리 잡았다. 또한, 최근 가장 많이 쓰이는 화상컨퍼런스와 비대면 교육 플랫폼으로 전 세계적으로 사용되고 있다. 특히 이 회사의 사명인 줌Zoom이라는 단어가 비대면 화상미팅을 의미하는 고유 명사화되어 사용되고 있다는 점은 서비스가 보여 주고 있는 편리함과 범용성에 기인하는 것이라 하겠다.

줌으로 대표되는 화상회의 서비스의 사용이 일반화되면서 사회 전반에 커다란 변화가 나타나고 있는데, 이러한 변화를 잘 보여 주는 단어가 바로 '줌 타운Zoom Town'이다. '줌Zoom'과 '타운Town'을 합친 말인 줌 타운은 재택근무자의 거주지를 뜻하는 신조어이다. 줌 타운은 '붐 타운Boom Town'이라는 말에서 유래했는데 붐 타운은 큰 사업이 시작되어 갑자기 성장하는 마을이나 도시를 뜻하는 용어이다. 서부 개척시대나 유전 개발 등으로 갑자기 새로운 도시가 만들어지고 성장하게 되는 경우를 말한다. 직장으로의 출퇴근을 위해 주로 대도시에 주거를 구하던 젊은 층들이 비대면 화상회의 프로그램인 줌으로 직장에서의 일을 할 수 있게 되자 자신의 집을 대도시가 아닌 외곽 지역으로 옮기는 현상을 만들어 낸 것이다. 집 가격도 싸고 주거 환경도 좋은 지역이지만 대도시에 있는 직장과의 거리가 멀어 선택할 수 없었던 주거지들이 원격회의 서비스 덕분에 새로운 인기 주거지역으로 재탄생하게 됐다. 코로나 이전에도 IT 분야 종사자들을 중심으로 특정 기간 재택근무를 하는 형태는 있었지만 지금과 같이 거의 모든 사무직 근로자들이 재택근무를 하게 된 경우는 인류 역사상 처음 있는 일이라 하겠다.

이제는 우리에게 너무도 익숙해져 버린 줌Zoom. 재택근무, 원격수업이 일상에 자리 잡으며 많은 사람들이 줌을 통한 화상회의 플랫폼을 이용하고 있다. 하지만 참가자들은 서로의 얼굴을 계속 응시하고, 화면을 계속 보면서 화상회의를 하고 나면 피로가 느껴진다고 호소하기 시작했는데, 이를 '줌 피로증'이라고 부른다. 줌이나 다른 화상회의 서비스로 1시간 이상 원격회의를 많이 해 본 사람들은 모두가 공감할 만한 이야기일 것이다. 줌은 비대면 강연 때에도 많이 사용하고 있는데, 역시 강연자들도 대면 강의에 비해 에너지 소모량이 훨씬 많아진다고 힘들어하고 있다. 비대면 환경이라는 초유의 상황에서 어쩔 수 없는 선택으로 원격 화상회의나 비대면 강의를 하고는 있지만 대부분의 이용자들이 대면 회의나 강의에 비해 낯선 느낌을 여전히 받고 있는 것이다. 이런 현상에 대해, 조금 더 비대면 서비스에 익숙해지면 자연스럽게 해결될 거라 생각하는 전문가들이 있는가 하면, 비대면 상황이 해결되고 나면 다시 예전처럼 대면 형식의 회의나 강의가 일반화될 것이라 판단하는 전문가들도 있다. 후자의 경우에 대한 염려인지 줌 비디오의 주가는 코로나 사태가 해결될 수도 있다는 뉴스가 나오자 급격하게 떨어지는 모습을 보이고 있다.

이러한 위기를 줌은 메타버스 서비스를 접목하는 것으로 돌파하려는 모습을 보이고 있는데, '줌토피아 2021'에서 2022년에는 메타버스 기반 회의실에서 줌을 사용할 수 있도록 플랫폼을 혁신하겠다는 발표를 하기도 했다.

2) 게더타운Gather Town

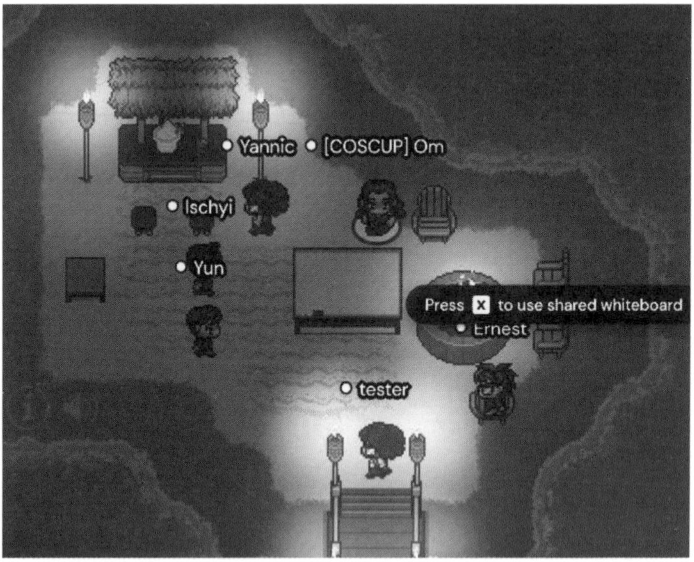

게더타운(출처: 플리커, © COSCUP)

화상회의에 메타버스를 결합한 '게더타운'.

게더타운은 화상회의 플랫폼에 메타버스 요소가 결합한 플랫폼이다. 2000년대 초반 국내에서 큰 인기를 끌었던 싸이월드의 아바타처럼

2D 도트 그래픽으로 제작된 것이 특징이다. 프로그램이나 애플리케이션 설치 없이 접속 링크만으로 실행되고, 별도의 회원 가입 절차도 없다.

게더타운 플랫폼을 실행하면 우선 아바타를 자신의 개성에 맞게 설정하고, 의상도 마음에 드는 것으로 입힐 수 있다. 움직일 때도 키보드 방향키나 W, A, S, D 키를 이용해 게임을 하는 듯한 느낌이다. 게더타운은 마치 게임처럼 방향키를 사용해 아바타를 움직이면서 다양한 가상공간을 이동할 수 있고, 모임의 성격에 따라 캠퍼스, 루프톱, 공원 등 다양한 맵을 제작할 수 있어 화상회의를 지루하지 않게 진행할 수 있다.

게더타운에 들어와 있는 사람들은 본인이 원하는 순간에만 카메라와 마이크를 켜고 상대방과 소통할 수 있다. 직접 카메라를 켜고 이야기를 할 수 있으며, 아바타 간의 거리가 서로 멀어질수록 화면도 흐려지고, 소리도 점점 작아진다. 회의실, 아파트, 대학 캠퍼스 등 기본 템플릿 공간도 다양해 그대로 가져와 써도 아쉬움이 없다. 가상공간에 들어가면 손톱만 한 크기의 아바타가 나타난다. 실제 사무실처럼 자기 자리가 정해져 있어 누가 어디에 앉아 있는지 알 수 있고, 자신의 자리를 마음대로 꾸밀 수 있다. 마치 어릴 적 또래들과 게임 속에서 놀이를 하는 것처럼 원하는 장소를 만들어 두고 화상회의를 하는 것이 가능한 것이다. 게임에 익숙한 세대에게는 아바타를 움직이는 작동법이 쉽게 다가오고, 가상공간 속에서 이루어지는 회의나 모임 행태가 현실에서 우리가 취하고 있는 것들을 그대로 표현하고 있어 사용성이 상당히 좋은 편이다. 다른 메타버스 서비스들이 목적 없이 그저 가상공간을 돌아다니는 것으로 참여자들에게 지루함을 주고 있다면, 회의나 모임 같은 명확한 목적을 가지고 모인 참여자들이 이용을 하고 있어 실용성 면에서도 좋은 점수를 받고 있다. 줌이 메타버스를 접목하겠다는 미래 비전을 제시하고 있는 것도 게더타운 같은 메타버스 환경의 화상회의 서비스가 사람들에게 좋은 반응을 받고 있기 때문이다. 국내에서의 사용도 빠르게 늘고 있으며, 사용해 본 이용자들의 평가도 상당히 긍정적인 편이다.

KB국민은행은 게더타운 공간에 여의도 신관, 천안연수원 등 은행의 주요 건물을 만들어 신입 사원들이 메타버스를 체험할 수 있도록 했으며, 사내 회의를 이곳에서 진행하는 등 게더타운을 적극적으로 활용하고 있다. 유한킴벌리는 환경교육 캠페인 '유한킴벌리 그린캠프'를 2021년 처음 게더타운에서 진행하며 메타버스에 대한 관심을 보여 주었으며, LG디스플레이도 메타버스 교육장이라는 가상 교육장을 마련하여 신입 사원 교육을 진행했다. 그동안 줌으로 대표되던 원격 화상회의 서비스보다 같은 공간에서 함께한다는 느낌을 표현해 줄 수 있다는 점에서 재택근무가 가진 문제점을 일정 부분 해결해 주기 때문에 기업에서의 활용도가 점점 더 높아져 갈 것으로 예상되고 있다.

메타버스가 가진 장점은 현실세계에서는 멀리 떨어져 있더라도 가상공간에서 아바타의 모습으로 함께 있다면 마치 같은 공간에서 함께한다는 동질감을 주게 되고, 이러한 느낌이 사용자로 하여금 보다 가상세계에서의 회의나 모임 그리고 소통에 대해 몰입할 수 있도록 만들어 준다는 점이다.

9. 한국의 대표 메타버스 서비스 플랫폼

1) 제페토ZEPETO

제페토는 네이버의 자회사인 '스노우'에서 분사한 손자회사 네이버제트에서 서비스하고 있다. 스노우는 국내 카메라 앱 부문에서 80% 이상의 점유율을 가진 회사로 얼굴 인식과 AR 등에서 독보적인 기술력을 보유하고 있다. 스노우에서 개발한 기술로 자신만의 개성 있는 3D 아바타를 만들어 주는 서비스로 시작한 것이 바로 제페토이다. 사실 처음에는 지금 강조하고 있는 메타버스와는 관련이 크지 않은 서비스를 제공하던 제페토는 트렌드를 굉장히 발 빠르게 흡수하며 자신을 끊임없이 변화시켜 왔다. 예쁜 아바타 만들기 서비스로 10대들의 마음을 사로잡은 뒤에 K-POP 스타들의 아바타를 이용한 마케팅으로 해외 이용자 수를 크게 늘려 나갔다. 이렇게 확보한 2억 명이 넘는 이용자를 기반으로 지금은 한국의 대표적인 메타버스 서비스로 진화해 가고 있는 중이다.

서비스 시작을 아바타 만들기로 해서인지 제페토의 아바타 꾸미기는 서비스 중에 상당히 중요한 부분을 차지한다. 본인의 사진 이미지를 바탕으로 순정 만화에 나올 것 같은 멋진 모습의 아바타를 만드는 것부터 해서, 의상을 고르고 머리 스타일을 손질하는 등 아마도 메타버스 서비스 중에 아바타의 외모에 가장 신경을 쓰고 있는 것은 아닐까 하는 생각이 들 정도이다. 그리고는 멋진 포즈를 취하고 셀카를 찍는 것도 중요한 요소이다. 스노우 앱이 셀카를 위한 서비스를 했던 것이었기에 어찌 생각해 보면 당연한 것이 아닐까 한다. 아바타는 또 하나의 나 자신이기에 멋진 아바타를 만들어서 꾸미고, 여기에 멋진 포즈로 셀카를 찍는 것은 당연한 수순인 것이다. 이는 스노우 앱의 서비스가 가상공간으로 진출한 것이라 하겠다.

그리고 여기에 친구들과 소통할 수 있는 소셜 기능을 추가하여 자신의 아바타와 친구들의 아바타가 가상공간에서 함께 정서를 공유할 수 있는 놀이를 하며 즐기는 곳이 바로 제페토인 것이다. SNS 서비스처럼 실시간 피드가 있고 팔로우, 팔로잉 기능을 제공하는데, 주로 놀이와 엔터테인먼트에 특화되어 콘텐츠가 제공된다.

이용자들이 즐길 수 있는 서비스는 '아바타 꾸미기'와 함께 '제페토 월드'와 '제페토 스튜디오'로 크게 세 가지라고 할 수 있다. '제페토 월드'는 가상세계의 놀이터이다. 제페토 월드에는 '점프마스터', '가든웨딩', '한강공원' 등 가상공간에 만들어진 세상이 펼쳐진다. 실제 반포 한강공원을 거의 그대로 만든 제페토의 가상 한강공원을 이용자들은 아바타의 모습으로 산책하며 셀카도 찍을 수 있다. 자신이 원하는 제페토 월드에 들어가서 사람들을 만나고 대화할 수 있으며, 그곳에서 제공하는 게임도 이용할 수 있다. 그런데 하나의 월드에 들어갈 수 있는 아바타 수가 16명으로 제한되어 있는 점 때문에, 이곳은 대규모 회의나 모임을 하기에는 아직은 적합하지 않다. 아주 다양한 제페토 월드가 서비스되고 있어 이것들을 모두 체험해 보는 것에는 상당한 시간이 필요할 정도로, 준비된 콘텐츠가 이제는 상당히 많이 축적되어 있다.

'제페토 스튜디오'로는 창작자가 아이템을 직접 제작하고 판매할 수 있다. 특히 아바타에게 입히는 의상이 가장 많이 창작된다. 제페토 스튜디오를 이용하여 가상 아이템을 만들고 있는 누적 가입자 수가 2021년에 이미 70만 명을 훌쩍 넘고, 그들이 창작해서 판매하는 출시 아이템은 200만 개가 넘는다. 제페토 가상 아이템으로 큰 수익을 벌어들이고 있는 가상 아이템 디자이너들이 다수 등장하고 있는 것이다. 이러한 모습은 마치 로블록스가 '로블록스 스튜디오'를 통해 자신들의 메타버스 플랫폼에서 서비스되는 게임을 만드는 개발자들을 육성하는 전략과 흡사해 보인다. 이것 이외에도 제페토는 세계적으로 앞서가고 있는 메타버스 서비스들 중 본인들의 서비스에 접목이 가능한 것들을 발 빠르게 시도하면서 이용자들에게 다양한 콘텐츠를 제공하고 있다.

제페토 세상의 화폐는 젬Zem 코인이다. 이용자들은 아바타를 꾸미거나 아이템을 구매할 때 젬 코인을 써야 한다. 이 코인을 얻기 위해서는 부지런히 제페토에 출석하거나 진행 중인 이벤트에 참여하여 충전을 하거나 현금을 주고 사야 한다. 아직까지는 대부분의 이용자들이 현금을 주고 젬 코인을 사지는 않고, 이벤트를 통해 주어지는 코인을 이용하고 있다. 하지만 점차 이용자가 많아지고 이곳에서의 친구들과의 놀이가 중요해지는 상황이 된다면 포트나이트 게임에서처럼 현금으로 가상 아이템을 구매하는 행위가 많이 나타날 잠재력이 있다고 하겠다.

주로 젊은 10대 위주의 이용자와 해외 접속자가 90%가 넘는 제페토의 잠재력은 콘텐츠 업계에서도 큰 관심을 받고 있는 상황이다. BTS의 소속사인 하이브 엔터테인먼트, 블랙핑크의 소속사인 YG 엔터테인먼트, 트와이스의 소속사인 JYP 엔터테인먼트 등이 170억 원을 네이버제트에 투자하며 제페토의 미래 잠재력에 함께했다. BTS, 블랙핑크, 트와이스 등의 인기 K-POP 그룹을 제페토에서 아바타의 모습으로 만들어 발표한 콘텐츠가 큰 인기를 끌게 되자 그 가능성을 인정하게 된 것이다.

2) 이프랜드IFLAND

SK텔레콤이 2021년 출시한 메타버스 서비스 '이프랜드IFLAND'는 국내 메타버스 플랫폼이 제페토로 대표되는 상황에서 이를 뒤집어 보려는 대기업적인 마인드의 프로젝트라 할 수 있다. 메타버스 서비스는 게임을 잘 만들 수 있는 개발자들을 보유하고 있다면, 어느 업체든 참여가 가능한 영역이다. 그렇기 때문에 SK텔레콤이 외부 게임사와 손잡고 이프랜드 서비스를 시작한 것은 그리 대단한 일은 아니다. 단지 의미를 부여하자면 한국에서도 이제 대중적인 메타버스 서비스가 경쟁체제로 들어서게 되었다는 정도가 아닐까 한다. 앞으로 다른 대기업이 메타버스 플랫폼 사업에 더 뛰어들게 될지는 알 수 없지만, 상당수의 중소 업체들이 자체 메타버스 플랫폼을 준비하고 있거나 이미 시작한 상태이기에, 2022년 이후에는 다수의 메타버스 플랫폼이 국내에서도 치열한 경쟁을 하게 되리라 예상된다.

제페토와 이프랜드를 같은 기준으로 비교하는 것은 문제가 많지만, 그래도 대기업이 가진 자본력과 우수한 인력으로 제페토의 독주를 견제할 수 있는 유일한 서비스가 그나마 '이프랜드'이기에 몇 가지 비교를 해본다. 우선 이프랜드는 제페토에 비해 아직은 내부의 콘텐츠를 쌓아 둘 시간이 없었기 때문에, 솔직히 즐길 만한 것들이 많이 부족하다. 결국은 대기업이 가진 자본력으로 초기에 관심을 끌 만한 마케팅을 많이 하는 전략을 택할 수밖에 없어 보인다. 이프랜드라는 가상세계에 들어가야 하는 이유를 이용자들에게 주지 못한다면 제페토와의 경쟁에서 승산은 없기 때문에 내부 콘텐츠를 열심히 만들어 가면서 이용자들이 참여해서 즐길 만한 이벤트를 집중적으로 진행해야만 한다. K-POP 스타들을 활용한 마케팅은 이미 제페토에서 선점한 상태이고, 국내 최고의 K-POP 기획사들도 거의 모두 제페토에 투자하여 주주가 되어 있는 상태이므로 스타를 활용한 마케팅을 하기 위해서는 연기자나 개그맨 같은 다른 장르의 연예인을 섭외해야 할 것이다.

이프랜드의 비교 우위가 있는 지점은 바로 참여 인원수이다. 제페토는 한 공간에 최대 16명까지만 참석할 수 있지만, 이프랜드는 최대 130명을 수용할 수 있다. 향후 대형 컨퍼런스나 콘서트 등의 확장성을 생각한다면 이프랜드가 강점으로 충분히 내세울 수 있는 부분이라 하겠다. 그런데 대규모 가상공간 회의나 모임을 두고는 제페토가 아니라 게더타운 서비스와 경쟁을 해야 하는 상황이라 이 또한 쉽지만은 않다. 아무래도 후발 주자로서 뭔가 새로운 혜택을 강력하게 보여 주지 못한다면 이미 다른 업체들이 선점하고 있는 곳에 진출해 나가는 것은 쉽지 않을 것이다. 그럼에도 불구하고 SK텔레콤이 메타버스에 얼마나 확신을 가지고 꾸준히 투자를 하는가에 따라 미래는 달라질 수도 있다. 그 누구도 어떠한 메타버스 서비스가 정답에 가까운 것이라 말할 수 없으며, 어느 서비스가 5년 후, 또는 10년 후 인터넷을 호령하게 될 것인지는 누구도 예측할 수 없다.

10. K-POP 팬 플랫폼

1) K-POP 아이돌 세계관

최근 활동하고 있는 거의 대부분의 K-POP 아이돌 그룹들은 자신들만의 세계관을 가지고 있다. 그러다 보니 아이돌 그룹의 10대 팬들에게 '아이돌 세계관'이란 아주 친숙한 용어다. 원래 세계관이란 영어의 'Fictional World(가상 세계)'가 번역되어 사용된 용어로, 콘텐츠 창작물에서 단순한 설정을 넘어서 구체적이고 일관된 논리로 만들어진 가상의 세계를 일컫는 말이다. 일반적으로는 '마블 세계관'이나 '스타워즈 세계관' 등 영화나 게임 콘텐츠에서 주로 사용되어 왔다.

'K-POP'에서도 꽤 오래전부터 이러한 세계관을 중요한 요소로 받아들이고, 이를 발전시켜 왔다. K팝 아이돌 그룹 가운데 '세계관'을 내세우며 팬덤을 키워 나간 최초의 그룹으로는 '엑소EXO'를 들 수 있다.

2012년 데뷔한 이 그룹은 당시로는 받아들이기 쉽지 않았던 자신들만의 독특한 세계관을 내세웠다. 자신들이 미지의 외행성 '엑소 플래닛'에서 왔으며 멤버별로 모두 하나씩 독특한 능력을 보유하고 있다는 세계관을 가지고 있는데, 이들의 뮤직비디오를 비롯한 영상 콘텐츠 등이 모두 이 세계관을 토대로 만들어졌다고 한다. 지금은 대부분의 아이돌 그룹이 데뷔를 할 때, 독창적인 세계관을 함께 발표하는 것이 하나의 관행처럼 되어 버렸지만 당시로서는 아주 참신한 시도였다.

'엑소'가 K-POP 아이돌 세계관의 원조였다면, '방탄소년단(BTS)'은 아이돌 세계관을 가장 성공적으로 활용한 그룹으로 평가받고 있다. 이들의 세계관은 'BTS 유니버스'라는 말까지 만들어 낼 정도이다. 소속사에서 공식적인 세계관의 유무를 확인해 준 적이 없음에도 불구하고 멤버들의 스토리로 만들어진 세계관이 존재하며 이를 바탕으로 음반, 책, 웹툰, 영화, 게임 등 다양한 콘텐츠가 만들어지고 있다.

이들 그룹 이외에도 이제는 거의 대부분의 K-POP 아이돌 그룹이 자신들의 독특한 세계관을 가지고 데뷔한다. K-POP 아이돌 팬덤은 이들의 세계관을 받아들이고 자신이 좋아하는 스타와 함께 가상의 세계에 공존하고 있다고 느끼는 것이다. K-POP 아이돌 세계관은 아이돌과 팬들이 서로 이해하고 공유할 수 있는 가상의 세계로, 이미 우리의 10대들은 가상세계에서 소통하는 것에 익숙한 경험들을 가지고 있다.

'마블 세계관'처럼 K-POP 아이돌 세계관도 상상으로 만든 독창적인 세계관을 바탕으로 스토리를 발전시켜 가며, 이를 적극적으로 받아들이는 소비자들(팬덤)과의 소통을 통해 가상세계를 팽창해 간다. 내가 원하는 가상세계를 선택하고, 나와 같은 선택을 한 다른 팬들과 공동의 정서를 느끼며 교감하고 소통하는 상상의 세계가 바로 아이돌 세계관이다. 이런 아이돌 세계관은 이미 탄탄한 스토리와 함께 적극적인 참여자인 팬덤이 존재하기 때문에 성공적인 '메타버스'로 진화해 갈 가능성을 가지고 있다 하겠다.

가상으로 창작된 아이돌 세계관을 기꺼이 받아들이고 있는 10대와 20대들은 'Z세대'와 '알파세대'이다. 최근 이들에 대한 관심이 폭발하고 있는 것은 이들이 이제 성인이 되어 문화 창작과 콘텐츠 소비의 중심으로 도약하고 있기 때문이다. 이런 새로운 인류를 고객으로 확보하기 위해 K-POP 콘텐츠 기획자들은 발 빠르게 변화하고 있다. BTS 소속사 하이브의 '위버스Weverse', SM 엔터테인먼트의 '리슨Lysn', 엔씨소프트의 '유니버스Universe' 같은 글로벌 팬 커뮤니티 앱이 팬 플랫폼으로 진화해 가는 것은 젊은 팬들을 포용하기 위한 적극적인 노력을 잘 보여 주는 예시라고 하겠다. 특히 게임사인 엔씨소프트가 서비스하고 있는 '유니버스'는 게임사의 콘텐츠 분야 진출이라는 의미 이외에도, 새로운 기술들을 적극적으로 도입하는 참신한 시도가 돋보인다. AI 음성 합성, 모션 캡처, 페이스 캡처 등의 첨단 콘텐츠 기술을 엔터테인먼트 콘텐츠 창작에 도입한 것은 미래의 콘텐츠 비즈니스 방향을 제시해 주고 있다고 봐야 할 듯하다.

물론 성공하는 '메타버스'를 구축하는 것은 쉬운 프로젝트가 아니다. 독창적인 세계관과 적극적인 팬덤 이외에도 필요한 것이 많다. 현재의 기술로는 해결할 수 없는 부분들도 있어 앞으로도 상당한 규모의 투자가 필요하다. K-POP 아이돌 세계관을 보유한 국내의 콘텐츠 기획자들에게 멋진 기회가 있는 것은 사실이지만, 미래의 콘텐츠 소비자들을 열광시킬 '메타버스'를 구축하는 것은 엄청난 투자와 인고의 시간이 필요한 일인 것이다. 그럼에도 변화하는 소비자들을 사로잡기 위해서는 반드시 도전해서 선점해야만 한다.

아이돌 세계관은 그 자체로서 메타버스가 될 수 있는 기본적인 요소들을 거의 다 갖추고 있는 것으로 보인다. 상당한 규모의 팬덤, 탄탄한 스토리의 세계관 그리고 그 가상세계를 적극적으로 사용하도록 해 주는 스타의 존재감 등을 가지고 K-POP 아이돌 세계관은 '메타버스'로 진화해 갈 것이다. 다음 세대의 주역인 10대들은 이제 가상세계를 자연스럽게 받아들이는 신인류다. 이들에게 '메타버스'는 이미 낯선 환경이 아니다.

2) 위버스Weverse

K-POP의 성장은 팬덤을 기반으로 만들어진 성공 신화이다. 처음에는 자생적으로 만들어진 팬클럽을 시작으로 하여, 온라인과 모바일 기술의 발전을 적극적으로 수용하면서 지금은 팬 플랫폼Fan Platform으로 발전했다. '팬 플랫폼'은 기존의 팬카페와 팬클럽이 제공하던 서비스는 물론 라이브 방송이나 스타의 오리지널 콘텐츠, 콘서트 중계, 그리고 스타의 굿즈 판매까지 '덕질'의 모든 것을 한곳에 모아 서비스하는 팬들을 위한 전용 공간이다. 팬덤을 활용한 이러한 서비스들의 수익은 팬들의 유별난 사랑으로 상당히 높은 편이며, 그 성장률 또한 높다. 그래서 팬 플랫폼 시장을 두고 벌어지는 K-POP 기업들 간의 경쟁이 점차 격렬해지고 있다. 여러 팬 플랫폼 중 현재 가장 주목을 받고 있는 것이 바로 BTS의 소속사인 하이브가 서비스하고 있는 위버스이다.

위버스는 하이브가 서비스하고 있는 글로벌 팬 커뮤니티 플랫폼이며, 팬 커머스 앱인 위버스 숍에서는 소속 연예인들의 관련 상품들을 판매하고 있다. 현재 하이브는 온라인과 오프라인 콘서트 행사의 예매와 스타들의 굿즈 판매 등을 위버스 안에서만 진행하면서, 이 팬 플랫폼을 적극적으로 키우고 있다. 사실 위버스가 강력한 성장 모멘텀을 가지고 있는 가장 큰 이유는 역시 보유하고 있는 스타에 있다. BTS의 인기가 전

세계적으로 높아져 가고 있으며, 이러한 상황은 최소 5년 이상은 지속될 것으로 예상되고 있다. 여기에 아리아나 그란데와 저스틴 비버 등 세계적 팝 스타를 거느린 미국의 미디어 기업 '이타카 홀딩스'를 인수하며 하이브는 말 그대로 세계적인 기업으로 단숨에 성장했다.

이렇게 글로벌 팬 플랫폼이 된 위버스는 그 뒤로는 더욱 거침없는 행보를 보이고 있다. 네이버로부터 4,000억 원대의 지분 투자를 받고 위버스와 네이버의 브이라이브V-Live를 하나로 합치는 협업 관계를 맺은 것이다. 브이라이브는 2015년 서비스를 시작한 이래, K-POP 아티스트를 위주로 온라인 라이브 방송을 해 왔으며, 2020년에는 앱의 글로벌 다운로드 수가 1억 건이 넘는 등 막강한 영향력과 이용자 수를 보유하고 있다. 위버스와 브이라이브가 합쳐져 하나의 서비스가 된다는 것은 K-POP 팬 플랫폼이 세계적인 경쟁력을 가진 글로벌 콘텐츠 플랫폼으로 진화한다는 것을 의미하는 것이다. 그리고 하나 더, 하이브는 블랙핑크 등이 소속된 YG 엔터테인먼트와의 협업도 진행하고 있다. YG 엔터테인먼트의 자회사 YG플러스에 하이브가 300억 원, 하이브의 자회사이며 위버스를 운영하고 있는 위버스컴퍼니가 400억 원 등 총 700억 원 규모를 투자하기로 한 것이다. 하이브와 네이버 그리고 YG가 손을 잡고 대형 K-POP 팬 플랫폼을 만들어 가고 있는 것이다. 하이브는 2020년 한국 최고의 메타버스 서비스로 평가받고 있는 '제페토'에 70억을 투자했는데, 앞서 언급했듯 제페토의 운영사는 네이버제트로 네이버의 손자회사이기도 하다. 국내 대표 메타버스 플랫폼 제페토의 지분을 하이브가 일부 소유하게 되었으므로, 팬 플랫폼 위버스는 제페토를 비롯한 네이버의 관련 서비스들과 상호작용을 하며 시너지를 더욱 극대화할 것으로 예측된다. 그리고 여기에 YG 엔터테인먼트와의 협업과 이타카 홀딩스 인수로 위버스가 K-POP에 국한된 플랫폼에서 글로벌 팝 메타버스로 진화할 것으로 전망되고 있는 것이다.

3) 리슨Lysn

리슨은 SM 엔터테인먼트에서 만든 팬 플랫폼으로, 그중 최근 많은 관심을 받고 있는 서비스가 바로 디어유버블DearU Bubble, 줄여서 버블Bubble이다. 버블은 리슨의 유료 서비스로 시작했다. 월 구독료 4,500원을 내면 좋아하는 아티스트와 사적인 메시지를 주고받을 수 있는 독특한 서비스다. 100만 명이 넘는 유료 구독자를 확보하고 있으며, 해외 구독자 비율이 70%가 넘는 알짜 글로벌 서비스다.

버블을 이용하려면 SM의 팬 플랫폼 앱인 리슨을 다운로드해야 한다. 다운로드 후 리슨 스토어에서 버블 이용권을 구매하면 사용할 수 있게 된다. SM 소속의 샤이니, 슈퍼주니어, EXO, 소녀시대, 레드벨벳, NCT, WayV가 버블 서비스를 오픈했으며, SM 이외에도 JYP, FNC, 젤리피쉬, 브랜뉴뮤직 등 10개가 넘는 회사에서 150여 명의 아티스트가 서비스를 제공 중이다. 특히 JYP는 214억 원을 투자해 디어유 지분 23.3%를 보유하고 있는데, 한국의 K-POP 시장을 하이브와 YG 연합, 그리고 SM과 JYP 연합이라는 두 개의 큰 세력이 서로 경쟁하며 발전시켜 가고 있는 형국이다.

버블 이용권은 원하는 그룹을 선택하고 그중 몇 명을 구독할 건지

정하면 된다. 한명당 돈을 내는 유료 서비스로, 1인권은 4,500원이지만, 2인권부터는 조금씩 할인을 해 줘서 깎아 주고 있다. 한 달에 한 번씩 돈을 내는 정기 구독 형태로, 어린 팬들의 덕질에 너무 상술이 개입된 것이 아니냐는 비난의 여론도 있지만, 그럼에도 불구하고 이 서비스의 미래 가치에 대해서는 대부분 긍정적인 전망을 내놓고 있다. 이용권을 구매하고 나면 바로 원했던 스타에게서 환영 메시지가 온다. 가입할 때 입력한 이름까지 넣어서 인사말이 오기 때문에 팬들이 다들 크게 감동받는다고 한다. 카카오톡 같은 대화창에 메시지를 보내기 때문에 진짜 스타가 직접 보낸 것 같은 느낌이 든다는 것이다.

버블의 규칙은 상당히 정교하게 만들어졌다. 채팅할 수 있는 권한을 소유하게 되어 스타와의 채팅에 참여하게 되면 여러 사람이 채팅 창에서 스타 한 사람에게 글을 보내게 되는데, 많은 수의 팬들이 참여하기 때문에 팬 한 사람당 세 번의 글을 30자 이내에서 쓸 수 있도록 하고 있다. 그런데 구독을 오래하면 글자 수 제한이 조금씩 풀어져 50일이 지나면 50자, 77일이 지나면 77자 이렇게 마치 기념일을 챙기듯이 보낼 수 있는 글자 수가 늘어난다. 그리고 스타는 팬의 답장을 다 확인할 수 있지만, 개별 답장은 불가하다. 스타가 보낸 메시지는 모든 구독자에게 공유된다. 그러다 보니 대화 연결이 매끄럽지 않다. 하지만 이런 문제를 팬들은 이해하며 받아들인다. 오히려 혹시 자신이 보낸 메시지에 정확한 답변이 오면 그 순간을 너무나 감격스러워한다. 팬들이 가지고 있는 스타에 대한 감정을 아주 세밀하게 신경 써서 서비스를 기획했다는 것을 알 수가 있다.

다른 SNS에서처럼 공개적으로 댓글을 다는 것에 어색함을 느끼던 팬들이 자신의 이야기를 스타가 다 읽어 주고, 답변도 가끔 해 준다는 것은 분명 기분 좋은 일일 것이다. 나와 아티스트의 대화만 볼 수 있기 때문에 수만 명이 우르르 댓글을 다는 SNS보다 사적인 공간처럼 여겨지는 것이 가장 큰 강점이다.

이 서비스로 SM 엔터테인먼트는 미래의 팬덤 경제를 이끌어 갈 것으로 예측하고 있는 팬 플랫폼 분야에서 의미 있는 결과를 만들어 내고 있다. BTS의 하이브가 운영하고 있는 위버스와 시장을 양분하는 거대 글로벌 플랫폼으로 발전해 가고 있는 것이다.

4) 유니버스Universe

게임사인 엔씨소프트가 만든 팬 플랫폼인 '유니버스'는 후발 주자다. 하지만 자본력이 막강한 모회사의 지원 속에 무서운 기세로 영향력을 확장하고 있다. 2012년 134개국 동시 론칭을 시작으로 몬스타엑스, 강다니엘, 오마이걸, 박지훈, 에이티즈, 브레이브걸스 등을 영입하며 나름대로 강력한 팬 플랫폼으로 자리를 잡아 가고 있다. 유니버스는 시장을 선점하고 있는 위버스와 리슨의 많은 부분을 벤치마킹하여 만들어졌으며, 여기에 게임사가 가진 강점을 결합하여 다른 팬 플랫폼들이 제공하지 못하고 있는 것들을 팬들에게 제공하고 있다. 유니버스의 차별화 전략은 AI 음성 합성, 모션 캡처, 캐릭터 스캔 등 게임사로서 보유하고 있는 IT 기술을 적극적으로 적용하는 것이다. 아티스트의 목소리를 인공지능이 학습하여 만들어진 AI 보이스와 통화할 수 있는 '프라이빗 콜', 아티스트가 직접 모션 캡처에 참여해 만든 캐릭터를 꾸밀 수 있는 '스튜디오' 등의 콘텐츠는 유니버스가 자체적으로 개척해 낸 분야라 할 수 있다.

하지만 팬덤을 상대로 하는 사업은 오랜 경험과 섬세한 감정에 대한 이해가 필요한데, 유니버스 앱은 이러한 부분을 간과하여 많은 시행착오를 겪고 있다. 인공지능 기술로 만들어 낸 스타들의 목소리에 대해 팬들이 거부감을 보이고 있으며, 인공지능이 대신 써서 보내 주는 메시지에 대해서도 냉담한 반응이다. 게다가 유니버스 멤버십 구독비 월 3,500원과 스타 한 명과의 프라이빗한 소통을 위해 지불하는 1인 프라이빗권이 월 4,400원으로 월 7,900원의 지출이 있어야만 이 앱을 기본적인 수준으로 사용하는 것이 가능하다. 그리고 게임에서처럼 다양한 방법으로 이용자가 돈을 써야만 서비스 이용이 원활하도록 해 둔 곳이 많아 팬들을 게임 이용자처럼 수익을 올려 주는 기계로 인식하고 있다는 부정적인 이미지가 생기고 있다.

게임사에서 새로운 분야로의 진출이니 아무래도 이러한 시행착오는 어쩔 수 없는 부분이라 생각되지만, 팬 플랫폼의 성공 여부는 팬덤에 의해 결정된다는 것을 제대로 인식하여, 팬들의 목소리에 귀를 기울이는 긴 호흡으로 사업을 진행시켜 나가야만 장기적으로 좋은 결과를 만들어 낼 수 있을 것이다. 기존의 아이돌 기획사 시각이 아닌 게임사의 시각에서 팬 플랫폼을 바라보고 사업을 하는 것이 가지고 있는 장점도 분명히 있다. 메타버스라는 가상세계에 익숙한 젊은 세대들에게는 게임이 가진 속성이 미래의 콘텐츠 산업에서 핵심적인 부분이 될 것이기 때문이다. 게임이 가진 강력한 중독성과 오락성은 콘텐츠 산업에서 게임을 가장 수익성 높은 분야로 자리 잡게 만들어 주었고, 이제 게임은 이러한 높은 수익과 충성도 높은 이용자들을 바탕으로 모든 콘텐츠 분야를 아우르는 콘텐츠 유통 플랫폼으로 성장해 가고 있다. 이런 흐름 속에 게임사가 엔터 산업에 관심을 가지고 도전하는 것은 당연한 수순이라 하겠다. 아직은 팬들과의 소통에서 낙제점에 가까운 모습을 보여 주고 있지만, 분명히 게임이라는 장르가 가진 장점을 팬 플랫폼에 잘 녹여 성공적인 모습을 만들 수 있으리라 기대하고 있다.

3D 아바타 기능을 집어넣느라 앱 전체를 유니티 3D 게임 엔진으로 제작해서 용량이 다른 팬 플랫폼 앱에 비해 너무 무거워진 것도 미래에는 오히려 강점으로 역할을 해 줄 수 있을 것이다. 지금 당장은 소비 여력이 적은 10대들이 사용하는 저가 스마트폰에서의 사용을 제한하는 약점으로 작용하고 있지만, 곧 스마트폰의 기능이 빠르게 좋아지면서 유니버스 앱이 선점한 3D 아바타가 대중적인 성공을 거두게 되는 중요 포인트가 될 수도 있을 것이다. 그리고 인공지능 기술로 만들어진 목소리나 메시지도 시간이 지나면서 인공지능이 더 정교한 표현을 하게 된다면 심리적인 거부감이 상당 부분 줄어들 것이다.

필자는 여러 부정적인 의견에도 불구하고, 유니버스가 짧은 기간 보여 준 성과는 나름의 의미가 있다고 생각한다. 게임이 콘텐츠 유통 플랫폼으로 진화하게 될 거라 확신하고 있기 때문이다. 한국의 게임사들이 세계 시장의 흐름에서도 주도권을 놓치지 않고 새로운 성장 동력을 얻기 위해서는 이러한 도전은 꼭 필요한 것이라 생각한다. 물론 팬들을 상대로 하는 비즈니스에 대한 깊은 성찰과 고민은 이러한 성과에도 불구하고 꼭 필요한 부분이다.

3장

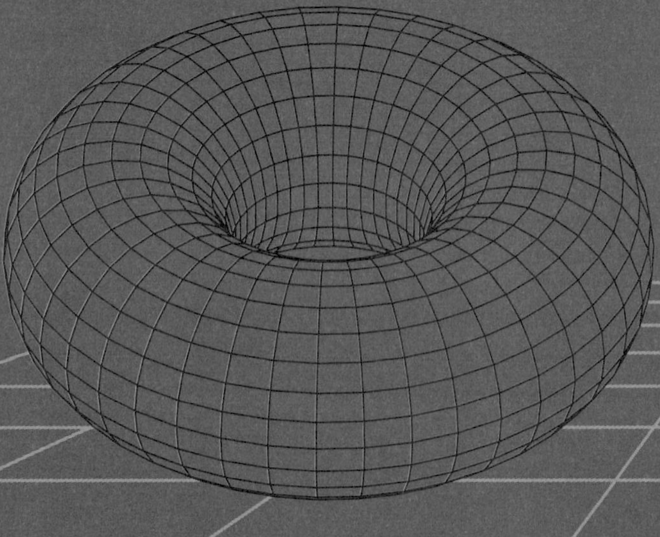

메타버스 콘텐츠

1. 버추얼 콘서트

1) 버추얼 콘서트의 진화

버추얼 콘서트는 출연자의 가상 아바타가 3차원 이미지의 형태로 무대에 투영되는 공연을 말한다. 한국은 이 분야에서는 상당히 앞선 기술력을 가지고 있는 것으로 알려져 있고, K-POP 인기에 힘입어 이를 일찍부터 시도해 온 전례가 있다. 그래서인지 지금도 BTS, 엑소 그리고 블랙핑크 등의 K-POP 아이돌은 코로나 시대의 비대면 상황에서도 버추얼 콘서트로 큰 수익을 벌고 있기도 하다. 한국 시장에서 사이버 스타에 대한 시도는 주로 K-POP 아이돌의 아바타를 위주로 진행되었다. SM과 YG가 자신들의 회사 소속 아이돌 가수의 홀로그램 아바타를 공연 무대에 표현하는 사업을 하였고, 팬들의 호기심을 자극하며 수익모델로도 자리를 잡게 된 것이다.

가상 캐릭터가 현실세계의 공연 무대에서 노래하고 춤추는 것에서, 현실세계의 무대가 아닌 가상공간의 무대에서 가상 캐릭터로 공연하는 첫 번째 시도가 성사된 곳은 바로 '세컨드 라이프'이다. 최초로 메타버스 서비스를 구현한 곳이었고, 많은 관심을 받으며 큰 투자를 받았기 때문에 듀란듀란, U2 등 당시 최고의 팝 스타들이 아바타의 모습으로 세컨드 라이프 가상공간 속에서 콘서트를 개최하였다. 하지만 세컨드 라이프가 반짝 성공으로 쇠퇴의 길을 걸었기 때문에 그 뒤로는 이런 가상공연에 대한 기억들이 사라져 버리고 말았다.

그러다가 버추얼 콘서트가 다시금 사람들의 관심권에 들어오게 되는 사건이 발생하게 된다. 그것은 바로 2020년 포트나이트라는 게임 속에서 개최된 트래비스 스콧의 가상공연이었다. 이 가상공연을 게임에 접속해서 즐긴 동시 시청자가 1천만 명이 넘는 대성공을 거두며 언론에서 대서특필하자 사람들의 관심이 버추얼 콘서트에 쏠리게 되었다. 그리고 얼마 후 소니는 포트나이트 제작사 에픽게임즈에 2억 5,000만 달러(약 2,820억 원)를 투자하고 회사 지분 1.4%를 사들였다. 워너뮤직도 로블록스와 손을 잡아 가상공간 속 음악 산업에 본격적인 투자를 하게 되었다.

포트나이트의 가상공연으로 불기 시작한 메타버스와 버추얼 콘서트에 대한 관심은 한국 국내 음악 시장에도 시차를 두고 영향을 주기 시작했으며 제페토라는 가상 캐릭터 기반의 플랫폼이 투자자들의 관심을 받게 되었다. 하이브, YG 엔터테인먼트가 제페토에 120억 원, JYP 엔터테인먼트는 50억 원을 투자하며 이 새로운 콘텐츠 사업에 뛰어들었다. 한국의 1위 게임사로 알려져 있는 엔씨소프트는 K팝 엔터테인먼트 플랫폼 '유니버스'를 2021년 1월에 글로벌 134개국에 출시하며 새로운 콘텐츠 투자에 발을 디디게 된다.

게임이라는 가상공간에서 Z세대들은 또래들과 소통하고, 음악도 듣고, 영화도 같이 본다. 이러한 가상공간의 콘텐츠 소비는 이제 새로운 시장을 만들어 가고 있으며, 현재 가장 각광받고 있는 콘텐츠가 바로 '버추얼 콘서트'다. 메타버스는 콘텐츠 산업의 판을 바꾸는 중이다. 필자는 콘텐츠 산업이 다시 한번 커다란 변화를 맞이하게 될 큰 흐름이 다가오고 있다는 것을 본능적으로 느끼고 있다. 버추얼 콘서트 같은 가상세계에서 소비될 새로운 형식과 내용의 콘텐츠가 고민되어야 하는 시간이다. 가상공연은 메타버스 속에서 소비되는 가장 대표적인 콘텐츠로 현재 인식되고 있으며, 미래세대들의 음악 콘텐츠 소비 행태가 이렇게 변해 갈 거라 예측하고 많은 전문가들과 관련 회사들이 거액을 베팅하고 있다. 앞에서 사례를 들었던 포트나이트의 버추얼 콘서트 이외에 다양한 방식으로 시도되고 있는 세계적인 콘텐츠 기업들의 움직임을 좀 더 자세히 알아보자.

2) 로블록스 가상공연

알파세대의 메타버스 플랫폼으로 관심을 받고 있는 로블록스.

그런데 버추얼 콘서트 분야에서는 포트나이트에 비해 시작이 많이 늦었다. 포트나이트가 'DJ 마시멜로'와 '트래비스 스콧'의 버추얼 콘서트를 크게 성공시키며 가상 음악 공연을 위한 최고의 플랫폼으로 자리를 잡아 가고 있고, 마인크래프트 또한 이용자들의 자발적 게임 속 음악 페스티벌을 기반으로 그 가능성과 잠재력을 인정받고 있는 상황이었다. 메타버스에 대한 폭발적인 관심과 함께 게임 속 가상공연이 킬러 콘텐츠로 떠오르게 되자 로블록스도 가만히 있을 수는 없게 되었다.

이런 상황에서 우선 로블록스가 처음으로 시도한 것은 자체적으로 만든 가상공연이 아니라 코로나 위기에 대응하고자 유명 팝 가수 '레이디 가가'가 주도해서 개최한 빅 이벤트 'One World: Together at Home'이다. 세계적인 관심을 끌었던 이 대형 이벤트를 로블록스 게임 안에서도 참여할 수 있도록 중계하는 것으로 로블록스는 가상공연 관련 콘텐츠 제작을 시작했다.

유명 가수들이 각자의 방이나 거실 그리고 개인 스튜디오 등 사적인 장소에서 노래로 전 세계 사람들에게 위로를 보내는 형식의 대형 이벤트 'One World: Together at Home'. 코로나와 싸우는 전 세계 의료진을 격려하기 위한 콘서트로 진행된 이 공연은 마치 예전 아프리카 난민 돕기 공연인 'Live in Africa'를 연상시키는 기획이라 하겠다. 예전의 공연처럼 거대한 세트를 짓고 유명 가수들이 함께 모여 노래하는 것이 불가능한 상황이었기 때문에 이번 공연은 각자의 개인 공간에서 스타들이 공연을 하고 전 세계 팬들이 온라인으로 지켜보는 비대면 공연이었다. 이 가상공연을 로블록스 게임

One World: Together at Home

안에서 볼 수 있도록 하는 것에서부터 버추얼 콘서트에 대한 준비를 한 것이다.

그러고 나서 로블록스에서 본격적인 가상공연을 추진한 가수가 바로 '에이바 맥스Ava Max'이다. 최근, 앨범 발매 같은 이벤트를 할 경우 코로나 상황이라는 점을 감안해서인지 게임 플랫폼을 이용해서 가상공연으로 하는 시도가 점차 늘어나고 있는데 에이바 맥스의 경우도 이런 케이스라고 하겠다. 그녀는 새 앨범 'Heaven & Hell'의 발매 축하 공연과 팬미팅을 로블록스 게임 안에 특별 공간을 만들어서 진행하였다. 그런데 이 가상공연은 직접 노래를 부르면서 진행된 것이 아니라 뮤직비디오를 공개하고 팬들과의 만남을 게임이라는 가상공간에서 진행한 형식이었다. 커다란 스크린을 만들어 두고 그 스크린 속에 나오는 그녀의 뮤직비디오를 보는 형식은 이미 포트나이트에서 가상공연의 초창기에 썼던 방식으로 새롭다는 평가를 받기가 어려웠다. 가상공간 속 세트가 괜찮았다는 호평 이외에는 평이 그리 좋지 못했던 시도였다. 성공적인 가상공연은 아니었지만 에이바 맥스 공연으로 노하우를 쌓은 로블록스는 포트나이트의 성공적인 가상공연들을 벤치마킹해서 세 번째 가상공연에서는 대박을 치게 된다. 그 공연은 바로 2020년 11월에 있었던 미국의 유명 래퍼 '릴 나스 엑스Lil Nas X'의 가상공연이다. 힙합과 컨트리를 창의적으로 결합시킨 히트곡 'Old Town Road'로 순식간에 대형 스타가 된 '릴 나스 엑스'는 알파세대들의 열렬한 지지를 받고 있는 로블록스에 가장 잘 어울리는 가수였다고 할 수 있겠다.

릴 나스 엑스
가상공연

그의 로블록스 가상공연은 상당히 공을 들여

만든 퀄리티가 높은 최고의 콘텐츠로 평가받으며 조회수 3,300만 회를 달성하기도 했다. 비록 포트나이트 가상공연의 최고 기록에는 조금 못 미치는 성적이었지만, 후발 주자로서 큰 성공을 만들어 내며 로블록스의 잠재력을 가상공연 부분에서도 보여 주는 계기가 되었다. 그리고 이 가상공연의 성공으로 로블록스도 가상세계 음악 콘텐츠 시장의 다크호스로 인정을 받게 된다.

음악 시장에서 버추얼 콘서트 플랫폼으로서의 잠재력을 인정받게 된 로블록스는 세계적인 음반 레이블 워너뮤직과 손을 잡게 되었다. 그리고 또 한번 세계를 놀라게 할 만한 대형 버추얼 콘서트를 준비해서 발표하게 되는데, 바로 'Twenty One Pilots' 버추얼 콘서트이다. 이 가상공연의 성공적인 준비로 로블록스는 포트나이트에 이어 버추얼 콘서트 플랫폼으로서의 잠재력을 전 세계에 보여 주었다.

3) 마인크래프트 가상공연

마인크래프트의 가상세계 음악 페스티벌은 2018년, 음악 프로듀서이자 DJ '맥스 스램프Max Schramp'의 아이디어에서 시작되었다. 평소 마인크래프트 게임을 즐기던 그가 농담처럼 말한 "마인크래프트 게임 안에서 21번째 생일 파티를 열고 싶다"라는 희망 사항을 친구들이 함께 진짜로 실행해 보기로 하면서 출발한 것이다.

EDM 음악 파티 형식의 페스티벌을 게임 안에서 구현해 보자는 이 생일 파티는 처음 예상했던 40명의 참석 인원을 훌쩍 뛰어넘어 400명 정도가 자발적으로 참여한 음악 축제가 되었고 뜨거운 반응을 받는다. 그러자 맥스 스램프와 친구들은 직감적으로 이것이 가능성이 있다고 느끼게 됐고 'Open Pit'이라는 회사를 만들어 본격적으로 가상공연 이벤트 사업을 시작한다. 친구들 간의 놀이로 시작한 일이 사업으로 발전하게 된 것이다. 회사를 만든 그들 모두가 마인크래프트 게임을 어릴 적부터 즐기며 자랐지만 실제로 게임에 대한 전문적인 지식을 가진 사람은 없었다고 하는데, 사업을 시작하면서 이 게임의 기술적 측면을 이해하는 전문가들도 합류하게 됐다고 한다.

그리고 2018년 9월 마인크래프트의 첫 번째 공식 음악 축제인 '콜첼라Coalchella'가 열리면서 재미있고 미래지향적인 가상공연 사업은 본격적인 출발을 알리게 된다. 이어서 'Fire Festival'과 'Mine Gala'라는 이름으로 2019년에도 음악 페스티벌을 마인크래프트 게임 안에서 개최하며 지속가능한 사업으로서의 가능성을 확인하게 되었다.

이처럼 마인크래프트의 음악 페스티벌은 이 게임 회사 경영진의 의지와는 아무런 상관없이 열성적인 게임 이용자들이 만든 회사로부터 시

유명 음악 축제인 '코첼라Coachella'를 패러디한 콜첼라 가상 음악 축제

작됐다. 그리고 자발적으로 이 가상공연에 참여한 많은 게임 이용자들에 의해 발전되어 오고 있다. 이런 게임 속 음악 축제가 경영진이 아닌 이용자들에 의해서 만들어질 수 있었던 이유는 역시 마인크래프트 게임이 가지고 있는 높은 자유도 때문일 것이다. 게임 안에서 플레이어가 원하는 것은 무엇이든 만들 수 있기 때문에 이런 시도가 가능했던 것이다. 다른 게임에서는 찾을 수 없는 이 엉뚱하고 기발한 가상세계 속 음악 축제는 '마인크래프트'였기 때문에 생각할 수 있었고 실제로 구현하는 것이 가능했다 하겠다.

그리고 2020년 코로나로 인해 오프라인 공연들이 모두 취소되는 초유의 비상 상황이 벌어지자 'Open Pit' 같은 가상공연 제작사는 오히려 큰 기회를 만나게 되었다. 마인크래프트 등 가상공간에서 음악 공연을 하고자 하는 시도가 폭발적으로 증가하게 된 것이다. 그리고 그 규모도 점점 더 커지게 된다. 포트나이트 게임의 가상공연이 참여자 규모나 공연의 품질 면에서 가장 큰 주목을 받고 있지만, 그 공연들은 모든 것이 다 게임 회사 경영진의 계획으로 이루어진 행사였다. 동시 시청자 수 최고 기록을 세운 '트래비스 스콧'의 가상공연은 엄청난 인력과 자금이 투여된 대기업의 기획 상품인 것이다. 이는 포트나이트 게임의 개발자들이 대거 투입되어야만 가능한 블록버스터 규모의 가상 음악 공연이다. 포트나이트나 로블록스는 어떠한 게임 이용자에게도 이런 콘서트를 자발적으로 만들 수 있는 자유를 부여하지는 않는다. 마인크래프트처럼 게임 참여자들이 가상 음악 공연을 자체적으로 진행할 수는 없는 것이다. 마인크래프트 음악 축제는 열성 게임 참여자들이 스스로 만들기 때문에 아무래도 포트나이트나 로블록스의 그것과 비교하면 출연 가수나 가상 무대 수준에서 차이가 많이 나는 것이 사실이다. 하지만 게임 참여자들이 직접 가상공간 속 음악 축제를 만들 수 있다는 매력은 그 누구도 부인하기 어려울 듯하다. 서로 방식은 다르지만, 포트나이트와 로블록스 그리고 마인크래프트의 가상공연은 미래의 음악 시장을 바꿀 혁신을 준비하고 있는 중이라 하겠다.

실제로 게임 속 가상 음악 축제에 참여하려면 일단 마인크래프트에 로그인하고 공개된 서버 주소를 찾아 접속해야 한다. 그러고는 축제가 열리는 곳을 게임 속에서 찾아가는 것이다. 그곳에 아바타로 도착하면 먼저 온 아바타들이 게임 속 음악 축제를 위해 특별하게 만들어진 가상공간에서 뛰어다니는 모습을 볼 수 있다. 스페이스 바를 탭하면 게임 속 아바타를 점프시킬 수 있는데, 음악에 맞춰 아바타들을 열심히 점프시키며 음악 축제를 즐기게 되는 것이다. 게임과 음악 애호가들은 이런 광경에 감동스럽다는 표현까지 쓰기도 한다. 하지만 아직은 마인크래프트 게임 안에서 개최되는 이런 스타일의 가상 음악 축제가 대부분의 사람들에게까지 흥미를 끌고 있는 것은 아니다. 그래서 아직까지 마인크래프트 가상공간 음악 축제는 수익성을 확보하고 있지는 못하다. 이런 공연으로 출연 가수들이 기존의 야외 공연에서 벌어들인 수익을 충당하기에는 아직 게임 속에서 공연을 즐기는 사람들의 숫자가 일정 규모 이상이 안 되고 있는 것이다. 그럼에도 불구하고 팬들과 직접 만나는 공연을 가상공간에서라도 할 수 있게 된 음악가들은 이런 새로운 이벤트에 참여하는 것을 좋아하고 있다. 음악 팬들 역시 새로운 느낌으로 음악을 즐길 수 있는 가상공연에 호기심을 가지고 참여하고자 하는 욕구를 가지고 있다.

당장은 아니지만 가까운 미래에 가상공연이 새로운 음악 콘텐츠 주류 시장으로 부상하게 되리라는 기대가 점차 커지며, 게임 속 가상공연은 메타버스의 킬러 콘텐츠로 떠오르고 있는 중이다. 게다가 마인크래프트의 버추얼 콘서트처럼 이용자들이 적극적으로 하고자 한다면 직접 가상 음악 공연을 기획하여 가상세계 음악 페스티벌을 친구들과 자발적으로 만들 수도 있다. 거대 자본을 소유한 기업들이나 가능한 일이었던 공연 사업이 메타버스 버추얼 콘서트로 인해 대중화되는 과정을 겪고 있는 것이다. 유튜브에서 자신만의 영상 콘텐츠로 직접 콘텐츠 소비자들과 만날 수 있게 된 것처럼, 가까운 미래에 우리는 나의 개성이 가득 담긴 멋진 공연을 게임 속에서 사람들에게 선보일 수 있게 될지도 모른다.

4) 포켓몬스터 25주년 기념 버추얼 콘서트

2021년은 '포켓몬스터'가 나온 지 25주년이 되는 해이자, "포켓몬 고Pokémon GO"라는 AR 게임이 출시된 지 5주년이 되는 해이다. 닌텐도에서는 이를 기념하기 위해서 포켓몬 25주년 기념 공연을 준비했다. 그런데 그냥 평범한 공연이 아니라 게임사답게 유명 가수들의 아바타가 공연하는 버추얼 콘서트였다. 닌텐도는 포켓몬 이외에도 많은 세계적인 IP를 보유하고 있는 회사로 특히 '모여봐요, 동물의 숲'의 경이적인 성공으로 메타버스 분야에서도 관심을 받고 있다. 그런 관심을 잘 이용하여 25주년 기념 공연도 버추얼 콘서트로 전 세계 사람들의 눈을 사로잡았다.

포켓몬 25주년 가상공연의 주인공은 미국의 유명 팝 가수 '포스트 말론Post Malone'으로, 그가 아바타의 모습으로 공연하는 버추얼 콘서트는 큰 화제를 모았다. 포스트 말론이라는 가수는 최근 워낙 인기가 많아 그의 행동이나 말 하나하나가 화제가 되고 있기 때문에 그의 버추얼 콘서트는 공개가 되자마자 음악 팬들 사이에서 관심의 대상이었다. 그런 그가 만화적인 배경의 게임 속 공간에서 3D 아바타의 모습으로 포켓몬 캐릭터들과 함께 나타나 노래하는 모습은 새로운 시대의 콘텐츠를 이야기하고 있는 듯하다. 닌텐도의 게임들에서 보여 주는 따뜻한 느낌의 만화 같은 배경이 등장하는 이 버추얼 콘서트는 게임 캐릭터들이 같이 나온다. 3D 아바타인 포스트 말론의 버추얼 캐릭터의 움직임은 상당히 자연스럽다. 섬세한 얼굴 표정이 노래를 하는 가수의 감정까지 잘 전달해 줄 정도로 아바타의 그래픽 수준이 상당히 좋다. 이제는 유명 가수들도 망설임 없이 새로운 콘텐츠 표현 방식인 버추얼 캐릭터에 대해 긍정적인 모습을 보이고 있다. 이런 콘텐츠를 만들기 위해서는 가수들이 모션 캡처 전용 옷을 입고 자신들의 움직임을 컴퓨터에 저장시켜야 한다. 그리고 얼굴과 전신의 캡처로 자신의 모습과 유사한 버추얼 캐릭터를 만들어 내는 과정에 적극적으로 참여해야만 한다. 어찌 생각하면 상당히 어려울 수도 있는 과정이지만, 유명 스타들은 새로운 모습을 자신의 팬에게 선물한다는 생각으로 오히려 좋아하면서 즐기는 모습과 준비하는 과정을 영상으로 만든다. 이제 스타의 아바타는 팬들에 대한 새로운 서비스로 여겨지며 시장을 점차 넓혀 가고 있다.

포스트 말론
가상공연

이 버추얼 콘서트는 'P25 Music'이라는 이름의 프로젝트로, 닌텐도가 유니버설 뮤직과 손을 잡고 진행하는 이벤트에 포함되어 있는 행사이다. 'P25 Music'은 11명의 아티스트가 참여하여 총 14곡의 포켓몬 기념 관련 노래를 하여 디지털 앨범을 출시하는 프로젝트이다. 여기에 포스트 말론과 케이티 페리Katy Perry가 참여하고 있다. 포켓몬 25주년 기념을 내세우며 버추얼 콘서트를 만들었지만, 이런 새로운 형식의 콘서트에 큰돈을 투자하는 이면에는 게임이 음악 소비 시장에서 가지는 막강한 영향력이 있기 때문이다. 게임을 즐기는 엄청난 수의 젊은 소비자들은 당연히 음악 시장에서도 귀중한 고객이다. 그 고객들의 음악 소비 행태가 변하고 있으며, 그 중심에는 게임이 있다. 게임사들은 자연스럽게 자신들이 보유하고 있는 게임 이용자들의 높은 충성도를 바탕으로 다른 콘텐츠 분야에 손쉽게 진입하려는 것이다. 더 이상 게임이 독립적인 콘텐츠로 소비되던 시대가 아니다. 게임 중독 같은 어두운 모습의 과거를 과감하게 깨고, 새로운 모습으로 소비자에게 다가가야만 게임 산업에게도 더 밝은 미래가 가능하다. 메타버스라는 용어로 모두가 열광하는 지금이 바로 게임이 모든 분야의 콘텐츠 플랫폼으로 진화해야 하는 시기라 하겠다.

5) 틱톡TikTok의 위켄드The Weeknd 버추얼 콘서트

쇼트폼 영상 콘텐츠 플랫폼으로 유튜브에 도전하고 있는 틱톡은 10대 젊은 이용자들에게는 유튜브보다도 더 사랑받는 서비스이다. 이처럼 젊은 이용자층에게 어필하고 있는 틱톡 입장에서는 요즘 세대들의 새로운 콘텐츠 소비 행태인 가상세계와 버추얼 캐릭터에 관심을 두지 않을 수 없다.

틱톡은 2020년 8월, 당시 최고의 인기를 누리고 있던 인기 가수 위켄드The Weeknd의 노래 '블라이딩 라이트Blinding Lights'를 위켄드의 버추얼 캐릭터를 이용하여 새로운 형식의 버추얼 콘서트로 선보였다. 이 이벤트는 최고 동시 시청자 수 27만 5천 명을 기록하며 틱톡의 라이브 동영상 신기록을 세웠고, 몇 차례의 영상 재방송으로 2백만 명 이상의 시청자를 끌어들였다. 그리고 사용자들이 #TheWeekndEXP 해시태그와 함께 공유한 동영상은 13억 회 이상의 동영상 조회수를 기록했으며, 특히 히트곡 '블라이딩 라이트'의 버추얼 콘서트 영상은 틱톡의 다른 이용자들에게 영감을 주어 150만 개 이상의 동영상 제작을 이끌어 내면서 '#BlindingLightsChallenge'를 탄생시켰다.

위켄드
가상공연

버추얼 콘서트는 아바타의 모습으로 등장하는 스타의 새로운 모습이 팬들에게 깜짝 선물 역할을 하게 되는데, 위켄드는 독특하고 어두운 이미지의 버추얼 캐릭터로 등장해 자신의 히트곡을 불렀다. 버추얼 콘텐츠는 당연히 양방향 콘텐츠의 성격을 가지고 있기 때문에 가상공연이 진행되는 동안 참여하는 이용자들이 상호작용을 하며 음악을 즐길 수 있도록 하고 있다. 또한 라이브 스트리밍 중 시청자로부터 후원을 받을 수 있는 기능을 적용해 새로운 온라인 기부 문화를 만들어 가는 것에도 앞장서고 있다. 그런데 이 멋진 이벤트 이후로 틱톡은 정치적인 문제로 회사 사정이 시끄러워지면서 더 이상의 가상공간 음악 이벤트를 진행하지 못하고 있다. 상당히 감각적인 콘텐츠였는데 계속 진행되지 못하는 것이 아쉬울 따름이다. 틱톡의 버추얼 콘서트 '위켄드 익스페리언스Weeknd

Experience'는 버추얼 콘서트 분야에서 독보적인 실력을 보여 주고 있는 스타트업인 '웨이브Wave'라는 회사가 제작한 것인데, 다행스럽게도 이 회사는 그 이후로도 멋진 버추얼 콘서트 관련 콘텐츠를 꾸준히 제작하고 있어 우리의 눈과 귀를 만족시켜 주고 있다.

6) 최고의 버추얼 콘서트를 만든다: 웨이브Wave

버추얼 콘서트라는 새로운 장르 안에서 현재 가장 높은 수준의 기획과 연출을 선보이고 있는 스타트업 '웨이브'. 2016년에 설립된 웨이브는 아바타를 사용하여 콘텐츠 소비자와 상호작용하는 몰입형 쇼를 제작하려는 가상현실(VR) 회사로 시작되었다. 그러나 VR 시장만으로는 다양한 음악 팬들을 만족시킬 수 없었기에 버추얼 콘서트 스트리밍 회사로 변모해 갔다. 시작은 VR 기반의 음악 콘서트였지만, 지금은 VR 앱을 포기하고 다양한 플랫폼에 버추얼 콘서트 콘텐츠를 제공하는 회사로 발전하고 있는 것이다. 기본적인 웨이브의 버추얼 콘서트는 가상공간에서 아바타의 모습으로 나타나 공연하는 아티스트와 버추얼 콘서트를 감상하는 관람객들 간의 상호작용을 극대화할 수 있도록 하고 있다. 공연을 하는 아티스트는 제작진과 함께 스튜디오에서 모션 캡처 전용 의상을 입고 춤추며 노래를 한다. 노래의 전주나 간주에는 아티스트가 라이브로 버추얼 콘서트를 즐기는 사람들에게 말을 할 수도 있다. 노래하는 아티스트는 스튜디오 안에 있고, 이를 지켜보는 관객들은 각자의 집에서 PC나 스마트폰의 모니터 화면을 보고 있지만 이들은 마치 공연장 안에 같이 있으며 서로를 느끼고 함께한다는 생각이 드는 것이다. 버추얼 콘서트의 관객은 주로 댓글로 자신의 존재를 아티스트에게 표현한다. 실시간으로 화면에 나타나는 댓글을 보면서 아티스트는 버추얼 콘서트를 진행하면서도 관객들과 소통할 수 있다. 특히 힙합 바이올린 연주자로 알려진 '린지 스털링Lindsey Stirling'의 유튜브 영상을 검색해서 찾아보면 이 회사의 버추얼 콘서트의 매력을 제대로 이해할 수 있다.

웨이브의 이러한 제작 노하우를 이용해서 틱톡의 위켄드 버추얼 콘서트도 제작됐다. 이 회사의 버추얼 콘텐츠는 틱톡, 페이스북, 유튜브, 트위치 등 다수의 플랫폼에 유통될 수 있다는 장점을 가지고 있다. 포트나이트나 로블록스의 버추얼 콘서트는 그 게임사와 함께 제작이 진행되어야만 하는 한계를 가지지만, 다양한 플랫폼에 적용이 가능하기 때문에 원하는 제작자라면 누구나 이 회사와 손잡고 프로젝트를 진행할 수 있는 것이다. 틱톡의 버추얼 콘서트로 웨이브와 일을 해 본 위켄드는 이 회사의 주주로 투자를 하였고, 저스틴 비버 같은 인기 스타들도 회사의 미래를 긍정적으로 보고 함께하고 있다고 한다. 2021년 9월에는 세계적인 인기 게임인 LoL(League of Legends)의 게임사인 '라이엇 게임즈Riot Games'와 함께 버추얼 메탈 밴드인 '펜타킬Pentakill' 버추얼 콘서트를 제작해 발표했다. 이제 버추얼 콘서트라는 콘텐츠가 전체 게임 업계의 킬러 콘텐츠로 인정받고 있는 분위기에서 어떠한 플랫폼에서든지 높은 수준의 제작 능력과 노하우를 활용할 수 있는 독립적인 스타트업이라는 점이 장점으로 부각되고 있는 상황이다.

2. K-POP 온라인 콘서트

1) Beyond LIVE (SM+네이버+JYP)

세계 음악 시장에서 돌풍을 일으키고 있는 K-POP의 인기에 비례하여 관련 회사들의 사업들도 이제는 그 규모나 질적인 면에서 세계 수준을 지향하고 있다. K-POP 아이돌의 공연 문화도 이제 세계 어디에 내놓아도 손색없는 수준의 퀄리티를 요구받고 있는 것이다. 특히 IT 기술과 이에 대한 긍정적 문화가 자리 잡고 있는 덕분에 한국은 버추얼 콘서트 관련 기술이나 노하우도 세계적인 경쟁력을 갖추고 있다. K-POP 아이돌의 해외 진출을 가장 먼저 선도한 회사라고 할 수 있는 SM 엔터테인먼트는 오래전부터 해외 팬들을 위한 온라인 공연 콘텐츠 제작에 관심을 가져 왔는데, 코로나 사태와 시기가 맞으면서 더 발 빠르게 관련 노하우를 습득하고 프로젝트를 추진하고 있다.

'비욘드 라이브Beyond LIVE'는 SM이 네이버와의 협업으로 만든 '온라인 맞춤형 유료 콘서트'다. 첨단 AR 기술 및 실시간 3D 그래픽 기술을 활용한 생동감 있는 무대 연출, 아티스트와 글로벌 팬들이 실시간 화상 토크 등을 진행하는 인터랙티브 소통 등이 장점이라 할 수 있다. 특히 공연 생중계 영상과 응원봉을 실시간으로 연동하는 자칭 '싱크 플레이 서비스'를 세계 최초로 제공하여 단순히 기존처럼 오프라인 공연을 온라인 중계하는 것과는 기술적으로 차별화된 신개념 온라인 콘서트를 목표로 하고 있다. SM 소속의 '슈퍼엠'이 2020년 4월 세계 최초로 유료 온라인 콘서트 '비욘드 라이브'를 열게 되면서 그 기술력에 대한 호평이 이어졌었다. 이 공연은 코로나 사태로 오프라인 콘서트를 개최할 수 없는 상황 속에서 SM이 새로운 시도를 한 것인데, 첫 공연에 24억 원의 수익을 올리면서 미래의 수익모델로 관련 업계를 흥분시켰다.

2020년 8월에는 JYP가 운영사로 추가되면서 SM과 JYP 그리고 네이버가 함께 미래의 음악 공연 시장을 만들어 가는 프로젝트를 진행하고 있다. 이를 계기로 JYP 소속의 걸 그룹 트와이스가 '비욘드 라이브 - 트와이스: 월드 인 어 데이Beyond LIVE – TWICE: World in A Day'를 개최하였다. 이처럼 SM의 온라인 공연 사업에 JYP가 함께하면서, 국내 온라인 공연 시장은 양대 세력권으로 분할되어 경쟁하는 체제로 발전하고 있다. 이는 하이브가 주도하는 온라인 공연 사업인 베뉴라이브VenewLive에 YG가 함께 한 것에 대한 전략적인 선택으로 보인다. 두 세력은 온라인 공연뿐 아니라 팬 플랫폼에서도 라이벌 관계를 만들어 치열한 경쟁을 하고 있는 중이다. 버추얼 콘서트가 아바타를 활용하여 제작되는 것과는 달리, 한국의 온라인 콘서트는 아티스트가 직접 출연하는 공연을 온라인으로 송출하여 팬들과의 양방향 소통을 더 강조하고 있다. 물론 스타의 아바타가 등장하는 경우도 있지만, 이런 경우에도 아바타는 스타의 외모를 그대로 복사해서 보여 주는 경향이 있다. K-POP 팬들이 아직은 버추얼 캐릭터화된 스타들의 모습보다는 원래의 외모를 더 좋아하고 있기 때문이다.

2) VenewLive (하이브+Kiswe+YG+MGM)

하이브의 CEO인 방시혁은 자신의 회사를 미래의 플랫폼 기업이라 규정하고, IT 기술에 대한 투자를 열심히 진행하고 있다. 특히 온라인 음악 공연 시장에 대한 관심이 상당히 높다. 코로나 사태로 BTS의 글로벌 공연을 온라인에서 진행하게 되면서 그 가능성을 확신한 그는 미국의 온라인 영상 송출 기업인 키스위Kiswe와 'KBYK Live'라는 이름의 합작 법인을 만들어, '베뉴라이브VenewLive'를 출범시키고 온라인 콘서트를 진행해 왔다. 베뉴라이브는 2020년 방탄소년단의 온라인 콘서트 '방방콘 The Live'와 'BTS MAP OF THE SOUL ON:E'을 통해 그 가능성과 기술력을 인정받았다. 두 공연에서 100만에 가까운 글로벌 팬들에게 안정적으로 온라인 공연 영상 서비스를 제공했으며, 4K의 고화질 영상은 물론 여러 각도에서 촬영한 아티스트의 퍼포먼스를 선택해 감상할 수 있는 멀티뷰 기능, 라이브 채팅 기능과 응원봉 연동 기능 등 다채로운 공연 인터랙티브 요소를 선보여 미래지향적인 온라인 공연의 모습을 구현한 것이다. 하이브가 미국의 '이타카 홀딩스'를 인수하고 YG와 전략적 협력 관계를 맺게 되면서 베뉴라이브를 통해 온라인 공연을 진행하는 아티스트들이 점점 더 늘어나고 있고, 코로나 사태가 당분간은 진정되기 어려운 상황으로 온라인 공연을 통한 수익 확대가 더 적극적으로 이루어지고 있는 현실이다. BTS의 소속사 하이브가 주도하고 있는 온라인 콘서트 서비스 '베뉴라이브'는 YG와 MGM이 함께하면서 규모 면에서도 글로벌화되고 있는 것이다. 베뉴라이브는 먼저 사업을 시작한 SM의 '비욘드 라이브'와 경쟁 관계를 유지하며 세계적인 온라인 공연 전문 회사로 성장하고 있다.

게임 회사인 포트나이트나 로블록스의 버추얼 콘서트와는 다르게 아이돌을 보유하고 있는 연예 기획사가 중심이 된 한국의 온라인 콘서트는 서로가 강조하고 있는 포인트가 다르다. 전자가 음악 공연을 게임 속에 포함시켜 게임 이용자들이 게임을 즐기면서 자연스럽게 새로운 음악 콘텐츠를 즐길 수 있도록 하는 것에 중점을 두고 있다면, 후자는 전 세계에 펼쳐 있는 K-POP 팬들에게 보다 더 자주 공연 콘텐츠를 제공해 줄 수 있는 방식으로 온라인 콘서트를 제작하고 있는 것이다. 또한 게임을 이용하는 사람들과 K-POP을 좋아하는 팬들은 성향적으로 큰 차이가 있기 때문에 당연히 제작되는 콘텐츠도 크게 다를 수밖에는 없다. 그럼에도 불구하고 음악 공연 시장의 미래 소비자인 10대들이 변화하고 있고, 이를 빠르게 간파하고 사업적으로 연결시킨 선도적인 기업들이 미래의 음악 시장을 차지하게 될 거라는 점은 분명하다. 아마도 가까운 미래에 버추얼 콘서트와 한국의 K-POP 온라인 콘서트 제작자들은 서로 영향을 받으며 상대방의 좋은 점을 받아들여 소비자들이 가장 선호하는 형태로 수렴하여 발전하게 될 것이다. K-POP의 힘으로 한국의 기업들이 세계 음악 시장을 호령하는 시기가 다가올 수도 있으리라 기대해 본다.

3. 방송과 메타버스 콘텐츠

1) 세계관과 부캐(부가 캐릭터) 문화

'엑소'가 K팝 아이돌 그룹 최초로 '세계관'을 내세우며 등장했고, 이제는 세계관이라는 용어가 너무나 자연스럽게 사용되는 세상이 되어 버렸다. 이렇게 미래세대들에게는 친근한 용어가 되어 버린 '세계관'이라는 단어는 점차 그 사용 범위를 넓히며 '하하버스(하하+유니버스: 자신의 인기를 남들은 아는데 본인만 모른다)', '민경버스(민경+유니버스: 타고난 근력과 운동 센스로 그냥 하면 다 잘하는데 본인은 모른다)'처럼 이제는 일상적인 Z세대의 놀이문화를 '세계관 놀이'라고 부르기도 한다. 거창한 의미를 가졌던 세계관이라는 말이 이제는 아주 사소한 것에도 사용될 수 있는 놀이 언어가 된 것이다. 우리 인류 모두는 다 자신의 독립된 세계를 가지고 있다는 철학적인 의미가 내포되어 있는지도 모르겠지만, 그저 흥미롭고 재미있는 사람이나 동물 또는 사물에 세계관을 붙여서 웃고 즐기고 소통하는 것이 미래세대들의 놀이 문화라 하겠다. 그리고 이제는 방송 예능 프로그램에서도 세계관을 표방하는 사례가 등장했다. tvN 예능 '대탈출 시즌4'에서 'DTCU(대탈출 유니버스)'라며 세계관의 확장을 이번 시즌의 콘셉트로 내세운 것이다. 이 프로그램은 시즌4의 스토리를 그동안의 시즌 내용들과 연결하면서 시청자에게 하나의 일관된 세계관을 가진 콘텐츠로 인식되고자 노력하고 있다. 이런 시도가 긍정적인 반응을 받으면서 시즌4에서는 시청자들이 지난 시즌 방송을 복기하며 전체 세계관의 큰 틀을 가지고 방송을 즐기고 있다. 그동안 방송됐던 모든 에피소드들이 다 연결되어 있고, 하나의 통일된 스토리를 가지고 있다는 설정을 가지고 이 프로그램을 시청하는 사람들을 같은 세계관을 공유한 또 하나의 종족으로 표현하고 있는 것이다. 시청자들의 프로그램에 대한 충성도를 높이고 더 몰입해서 방송을 즐길 수 있도록 하면서, 시청자 상호 간의 연대감이나 교류를 높여 주는 효과도 기대하고 있는 듯하다. 사실 그저 말장난에 불과하다고 치부해 버릴 수도 있지만, 많은 시청자들이 제작진의 이런 발칙한 시도를 즐거워하며 함께해 주는 모습을 보이고 있는 것 역시 새로운 세계관 문화가 그만큼 대중화되었다는 것을 보여 주는 사례라 하겠다.

또 하나의 미래세대 놀이 문화인 '부캐 문화'를 잘 보여 주고 있는 사례는 '매드몬스터'와 '피식대학'이다. 유튜브 채널 '빵송국' 안에서 시작된 매드몬스터는 필터로 만든 비현실적인 외모와 오토튠으로 가득한 음악을 선보이며, 마치 엄청난 인기를 누리고 있는 스타인 것처럼 가상의 세계관을 만들어 활동한다. 그런데 말도 안 되는 이런 허풍의 세계관과 부캐를 많은 사람들이 놀이로 즐겁게 받아들이며 여기에 동참하고 있는 것이다. 이들의 허풍 가득한 세계관이 콘텐츠로 큰 성공을 거두게 되자, 부캐는 유튜브 콘텐츠 안에서만 존재하는 것을 넘어서 방송과 광고 촬영까지 하게 되었고 실제 아이돌 그룹처럼 활동하고 있다. 피식대학은 마치 실제로 존재할 것만 같은 우리 주변의 인물들 모습을 리얼하게 그려 내며 사랑을 받는 콘텐츠다. 시청자는 '한사랑 산악회'의 등장인물들에 공감하며 그들의 모습에 스며들어 버리는 묘한 경험을 한다. 한 사람이 여러 인물을 연기해도 때에 따라 다르게 그 사람을 인식하고 받아들이며 좋아해 주는 부캐 문화가 만든 현상이라 하겠다.

게임에서 한 사람이 여러 개의 캐릭터를 만들어 활용하는 것에서 파생된 '부캐'는 이제 하나의 문화 현상으로 자리를 잡았다. 2018년 '쇼미더머니'가 래퍼 '마미손', 그리고 2020년 '놀면 뭐하니?'가 '유산슬'이라는 부캐 스타를 만들며, 가장 대중적인 미디어인 TV에서도 가상의 세계관이 자리를 잡았다는 것을 보여 주고 있다. 이처럼 게임에서 주로 사용되던 세계관이나 부캐 문화가 대중적인 방송 매체에서도 자리 잡은 현실은 메타버스라는 가상공간 문화에 대한 기본적인 이해가 널리 확산되어 가고 있다는 반증이기도 하다.

물론 방송 관계자들은 아직도 방송 매체는 주류 문화라는 자부심으로 메타버스 현상을 방송 안으로 흡수하여 소화시키려는 시도를 하고 있다. 여전히 수많은 시청자를 보유하고 있으며, 기존 사회체제 내에서의 막강한 영향력 또한 가지고 있는 방송은 가상세계 역시도 방송의 소재로만 활용하려는 모습을 보이고 있다.

MBC가 자사 TV 프로그램인 '전 국민 복면 노래 배틀, 더 마스크드 탤런트(더마탤)'에서 SK텔레콤의 메타버스 서비스인 이프랜드를 활용하여 제작을 한 사례는 이 같은 모습을 잘 보여 주고 있다. 이 프로그램은 MBC의 인기 예능 프로그램인 '복면가왕'을 모델로 만든 스핀오프 프로그램이다. 가면을 쓰고 노래 실력을 겨루는 경연 프로그램에서 코로나 사태로 오프라인 방청이 어렵게 되자, 제작진이 메타버스 서비스인 이프랜드에 가상 스튜디오를 마련하여 관객이 온라인으로 방송 현장에 실시간으로 참여할 수 있도록 한 것이다. 방송 녹화가 진행되는 동안 가상 스튜디오에 모여 심사를 하는 아바타 방청객들은 사실 각자의 집에서 PC

모니터 앞에 앉아 있지만, 마치 가상 스튜디오에 모여 함께 심사를 하는 것처럼 느낄 수 있는 점을 이용한 것이다. 심사는 실제 녹화가 이루어지고 있는 MBC 스튜디오에 앉아 있던 연예인 판정단 4인과 이프랜드의 가상 스튜디오에 모여 있는 것처럼 보여진 '메타버스 판정단' 95인이 맡았다. 이프랜드에 모인 메타버스 판정단은 가상 스튜디오 안에서 참가자들의 무대를 실시간으로 보고 심사를 진행했다. 메타버스 판정단 95표와 연예인 판정단 4표가 합산된 결과가 동시에 집계되어 결과를 발표한 이 방식은 사실 기존의 인터넷 화상 연결로 참여한 방청객 심사위원이 투표를 하던 것과 거의 유사하다. 단지 달라진 것은 방송 화면에 메타버스 심사위원들의 아바타가 나온다는 정도라 할 수 있다. 그럼에도 불구하고 이러한 시도는 TV라는 방송 매체가 메타버스를 활용한 첫 사례로 상당한 의미를 가지고 있다 하겠다.

그리고 가까운 미래에는 지금의 방송과 메타버스와의 관계가 역전될 가능성이 높다는 것이 필자의 생각이다. 방송이 메타버스를 하나의 소재로 활용하는 지금의 모습에서 앞으로는 메타버스라는 가상공간 플랫폼에 방송 콘텐츠가 하나의 장르로 존재하는 방식으로 발전하게 될 것이라는 말이다. 게임 속 가상공연처럼 출연자들이 아바타의 모습으로 등장하는 새로운 형식의 콘텐츠가 만들어져 널리 유통되고 큰 사랑을 받게 될 것이다. 이미 선구적인 몇몇 창작자들에 의해 이 같은 시도가 메타버스 플랫폼 내에서 일어나고 있다. 버추얼 토크쇼와 버추얼 드라마라는 용어를 들어 보았는가? 이제 이 새로운 형식의 콘텐츠가 미래의 소비자를 맞이할 준비를 하고 있다.

2) 버추얼 토크쇼

닌텐도의 인기 게임 '모여봐요, 동물의 숲'의 영어 제목은 '애니멀 크로싱Animal crossing'이다. 워낙 자유도가 높은 게임이기 때문에 메타버스 서비스로도 자주 소개가 되고 있는데, 이 게임의 이용자들은 자신이 하고 싶은 모든 것을 창의력을 발휘해서 개발할 수 있도록 되어 있다. 이런 환경으로 인해 이 게임을 만든 사람들조차 예상하지 못했던 시도들이 '동물의 숲'에서는 많이 나타나고 있다. 그 예로 이곳에서 결혼식이 열리기도 했으며, 갖가지 모임이 이 게임 속에서 개최되기도 한다. 큰 인기를 활용한 기업들의 마케팅 채널이 되고 있기도 하다. 이런 이곳에 방송과 관련된 재미있는 프로젝트를 진행하고 있는 사람이 있다. 미국의 시나리오 작가인 '개리 위타Gary witta'가 그 주인공이다. 드라마 '워킹데드' 시

개리 위타의 가상 토크쇼

즌 1, 시즌 5의 각본을 맡았으며, 영화 〈로그 원: 스타워즈 스토리〉 시나리오에도 참여했던 그는 자신이 주인공이 되어 보고자 하는 욕망을 품고 있었다. 그리고 이러한 꿈을 그는 게임 속에서 이루어 냈다. '동물의 숲' 게임 속에 '애니멀 토킹Animal Talking'이라는 제목의 토크쇼를 만들어 진행자를 하고 있는 것이다.

개리 위타
가상 토크쇼

'동물의 숲' 게임 속에서 진행되는 버추얼 토크쇼 '애니멀 토킹'은 2020년 4월 시작해 제작되고 있는 새로운 형식의 콘텐츠다. '개리 위타'는 이 게임을 열심히 하고 있던 열성 이용자로, 무엇이든 원하는 것을 만들 수 있는 이곳에서 자신의 방송국 스튜디오를 만들면 좋겠다는 생각을 하게 된다. 그러고는 자신의 게임 속 섬을 방송국 스튜디오처럼 꾸며 두고 실제로 방송 프로그램 같은 토크쇼를 제작하기로 한 것이다.

유명 방송작가였기 때문에 이 게임을 즐기는 다른 스타들의 섭외가 가능했고, 그는 이러한 점을 적극적으로 활용하여 유명 스타들이 출연하는 토크쇼를 제작하여 공개하기 시작했다. 부정적으로 보자면 마치 아이들 놀이 같은 느낌일 수도 있지만, 이 게임을 좋아하는 사람들에게는 너무나 흥미로운 시도였다. 유명 스타들의 실제 목소리가 나오는 토크쇼를 만화 같은 화면과 함께 보는 것이 아닐까 하는 생각은 이 게임을 잘 모르거나 새로운 형식의 콘텐츠에 익숙하지 않은 기성세대들의 몫이리라.

이 버추얼 토크쇼에 출연하는 스타는 그저 자신의 게임기를 통해 '동물의 숲'에 로그인한 후에 진행자인 '개리 위타'의 초대장을 들고 게임 속 그의 섬을 방문하면 된다. 아바타의 모습으로 방문하는 것이기에 집에서 어떠한 모습으로 있건 상관없다. 닌텐도 전용 게임기의 마이크를 통해 멀리 떨어진 곳에서 역시 게임에 로그인하고 있는 진행자와 화상통화를 하듯이 대화하는 방식이다. 각자 자기 집, 자기 방에서, 자신의 게임기로 접속을 하면 마치 가상공간 속 스튜디오에 함께 참여해서 토크쇼를 제작하는 것 같은 기분을 느낄 수 있는 것이다. '동물의 숲' 게임 이용자들은 자신의 섬을 본인이 원하는 대로 만들 수 있으니 누구나 비슷한 시도가 가능하다. 방송국의 스튜디오를 라디오 부스처럼 만들어도 상관없다. 그리고 8명까지 친구를 초대할 수 있으니 버추얼 토크쇼의 출연자도 8명까지는 가능하다. 버추얼 토크쇼가 아니라 친구들과 버추얼 음악 경연 쇼 형식으로 '버추얼 노래자랑'을 만들 수도 있으리라.

사실 이런 버추얼 콘텐츠가 얼마나 수익성이 있을까 하는 문제는 결국 미래의 콘텐츠 소비자에게 달려 있다. 젊은 콘텐츠 소비자들이 이런 형식의 콘텐츠를 미래에 소비한다면 당연히 시장은 만들어지는 것이니까. 그런 부분 때문에 세계관이나 부캐 문화에 기성세대들과는 다르게 반응하고 있는 미래세대들의 콘텐츠 소비 패턴은 상당히 중요한 변화를 보여 주고 있다 하겠다. 기성세대의 눈으로는 이상하게만 여겨지는 콘텐츠들이 젊은 콘텐츠 소비자들에게는 열광하는 대상이 되고 있다는 사실을 생각해 보면 게임 속의 버추얼 토크쇼가 크게 인기를 얻게 될 수도 있지 않을까?

3) 제페토 드라마

'제페토 드라마'라고 들어본 적이 있는가? 한국의 메타버스 서비스 중에 가장 많은 이용자를 보유하고 있는 제페토가 드라마도 만드나? 하고 생각할 수도 있으리라. 그런데 제페토 드라마를 만드는 사람들은 바로 한국의 10대들이다. 지금 구글 검색이나 유튜브 검색창에 '제페토 드라마'라고 입력해 보면 관련 영상이 수없이 있다는 것을 알게 될 것이다. 이미 많은 10대들이 제페토 드라마를 만들어 자신의 유튜브 채널에 올려두면서 구독자 수를 늘려 가고 있다. 10대들이 만들고, 10대들이 소비하는 제페토 드라마는 마치 예전의 로맨스 소설을 보는 듯하다. 대부분의 스토리가 10대들의 관심사를 다루고 있으며, 이런 이유로 10대들의 공감을 받으며 또래들에게 소비되고 있는 콘텐츠다.

그렇다면 이 제페토 드라마는 어떻게 만들어질까? 그 과정을 살펴보면 생각보다 많은 시간이 필요하다. 우선 당연히 제페토 앱으로 자신의 아바타를 만들어야 한다. 아바타로 제페토의 포즈 촬영 기능을 이용하여 드라마에서 필요로 하는 표정이나 연기 동작을 모두 촬영하고 스틸 이미지로 캡처해야 한다. 그리고 이 표정과 포즈 이미지로 스토리를 만들어 두는 작업이 필요하다. 이렇게 준비가 끝나면 동영상 편집 앱으로, 만들어 둔 아바타 표정과 포즈 이미지를 불러들인 후에 이야기에 맞게 배치하고 자막과 배경 음악 등을 넣어 주면 드라마가 완성된다. 요즘 10대들은 거의 대부분 영상 편집 앱을 능숙하게 다룰 수 있기 때문에, 이런 제페토 드라마는 스토리를 만들 수 있다면 누구나 혼자서도 제작이 가능하다. 물론 이 과정은 상당히 많은 시간을 필요로 하기 때문에 단순노동을 많이 해야만 한다는 단점이 있다. 일일이 필요한 아바타의 표정과 포즈를 모두 스틸 이미지로 캡처해 두는 작업은 단순하지만 반복적인 작업을 많이 해야만 한다. 이런 수고스러운 과정에도 10대들에게 제페토 드라마는 자신이 만든 이야기를 또래들에게 보여 줄 수 있는 멋진 기회이기에 즐기며 창작 작업을 하고 있는 것이다. 자기 혼자서 제페토 아바타가 등장하는 드라마를 만들 수 있다는 것은 10대들에게 상당한 성취감을 주는 일이 되고 있으며, 유튜브에서는 관련 채널들의 인기가 높아져 1인 크리에이터 활동으로도 각광을 받고 있는 분야다.

'모여봐요, 동물의 숲'을 이용해서 만들어지고 있는 다양한 콘텐츠 중에도 '모동숲 드라마'라고 불리는 것이 있는데, 이는 제페토 드라마와 유사하다. 이 버추얼 드라마도 게임에 등장하는 아바타를 이용해서 자신이 원하는 스토리로 표정과 동작을 하도록 한 후에 이를 이용해서 드라마를 만들 수 있다. 이 게임에서 드라마를 만드는 작업은 제페토보다 좀 더 복잡하다. 우선 '동물의 숲'에 있는 촬영 스튜디오인 '파니의 섬'으로 가야 한다. 게임 속에 존재하는 '파니의 섬'은 '파니엘'이라는 이름의 주민이 소유하고 있는 것으로 설정되어 있다. 이 섬에 가면 누구나 촬영 스튜디오를 이용할 수 있는데, 이곳에서 촬영한 이미지들로 제페토 드라마와 같은 방식을 거쳐 드라마가 만들어지는 것이다.

4) 버추얼 라이브 방송(아바타 라방)

2021년 8월 제페토에서 베타 서비스를 시작한 버추얼 라이브 방송은 아바타의 모습으로 라이브 방송을 하는 동영상 서비스다. 베타 서비스이기 때문에 시작은 일단 선정된 이용자들만 PC 환경에서 라이브 방송을 할 수 있는 제한 사항이 있지만, 베타 서비스 기간이 끝나면 누구나 아바타 라이브 방송이 제페토에서 가능해질 것으로 예상된다. '라이브 방송'은 줄여서 보통 '라방'이라 부르는 실시간 동영상 스트리밍 방송으로, 요즘은 상품을 파는 라이브 커머스 방송을 주로 '라방'이라 말하기도 한다. 유통업계의 중심이 오프라인에서 온라인으로 옮겨 갔고 스마트폰이 가장 일반적인 콘텐츠 플랫폼으로 등극하며, 자연스럽게 스마트폰으로 실시간 상품 판매 스트리밍 방송을 보고 물건을 구매하는 것이 일상화되고 있는 것이다. 라방의 2020년 국내 시장 규모가 이미 2조 원이 넘었고, 2032년

제페토 아바타 라방

에는 10조 원이 될 것으로 예상되고 있다. 케이블TV 방송의 홈쇼핑과 유사하지만 방송으로 분류되지 않기 때문에, 규제가 거의 없이 자유롭게 상품 판매 방송을 할 수가 있다. '라방'은 사실 중국에서 SNS나 유튜브 같은 동영상 서비스로 유명해진 인플루언서 왕훙网红들이 자신의 SNS 계정을 통해 상품을 파는 것에서 영향을 받아 시작되었다. 국내에서도 몇몇 유명인들이 자신의 SNS 계정으로 물건을 판매하고는 있었지만 크게 시장을 만들지는 못하고 있었다가, 국내 유통업체들이 직접 자체 라방 플랫폼을 만들고 시장에 뛰어들면서 규모가 급격하게 커지고 있다. 이제는 네이버, 카카오 등의 포털과 쿠팡, 위메프, 티몬 등 온라인 마켓, 그리고 대형 백화점 온라인 매장들도 모두 라방 시장에 뛰어들었다.

이렇게 급성장하는 라이브 방송 분야에서 아바타가 등장하는 제페토의 '아바타 라방'은 젊은 소비층에게 관심을 끌 수 있을 것으로 기대가 된다. 제페토가 아바타 라이브 방송이 가능한 것은 제페토가 팔로잉 기반의 SNS 기능을 가지고 있기 때문이다. 제페토 이용자들은 일반적인 다른 SNS처럼 팔로워를 보유하고 있다. 이런 자신의 팔로워를 대상으로 다른 SNS처럼 라이브 방송을 할 수 있는 기능을 추가한 것이다. 제페토의 아바타 라방이 기존의 라방들과 다른 점은 방송을 하는 스트리머와 방송을 시청하는 이용자 모두 아바타인 상태로 접속한다는 것이다. 그리고 또 하나, 아직은 상품 판매 같은 상업적인 행위를 허용하고 있지는 않다. 지금은 유튜브의 라이브 방송처럼 실시간으로 시청자와 소통하며 자신의 이야기를 전달하는 형식으로만 제한하고 있다. 상품 판매로 수익을 낼 수는 없지만, 시청자들의 후원을 받을 수는 있다. 앞의 이미지는 라이브 방송을 설명하는 제페토 홈페이지의 예시 화면인데, 이처럼 라이브 방송 화면에 아바타가 나타나 방송을 진행하고, 시청자들도 아바타의 모습으로 댓글을 달고 후원도 할 수 있다. 후원은 제페토 가상화폐인 '젬'을 쓴다. 후원받은 젬은 특정 금액이 넘으면 심사하여 실제 화폐로 출금할 수도 있으니, 유튜브나 아프리카TV에서 수익을 내는 1인 크리에이터들처럼 돈을 벌 수도 있다. 물론 이미 많은 버추얼 캐릭터를 이용하는 1인 크리에이터들이 인터넷으로 실시간 방송을 하고 있지만, 제페토처럼 메타버스 서비스를 지향하고 있는 플랫폼에서 방송 형태의 콘텐츠를 아바타의 모습으로 제작할 수 있게 한 것은 그 의미가 남다르다 하겠다.

4. 버추얼 이벤트

1) 버추얼 패션쇼

패션의 세계도 메타버스와 결합하고 있다. 사실 패션 업계는 시대의 흐름을 가장 빠르게 반영하는 분야이기도 하다. 이런 이유로 이미 5년 전부터 패션과 게임의 컬래버레이션은 활발하게 진행되어 왔다. 그래서인지 게임과 메타버스에 대한 패션업계의 반응은 상당히 빠르고 긍정적이다. 이미 앞에서 소개한 포트나이트, 로블록스, 제페토, 동물의 숲 등의 메타버스 지향형 게임들과는 많은 패션 회사들이 함께 여러 형태의 프로젝트를 진행해 왔다. 그중 가장 활발한 분야가 바로 아바타의 의류와 패션 제품인 것은 당연히 예상할 수 있으리라. 아바타를 가상세계 속 자신을 대신하는 존재로 생각하여 아바타에게도 자신의 개성을 표현하고자 하는 미래세대들에게, 명품 패션 기업들의 아바타 의상이나 패션 소품들은 현실에서 자신이 입어 볼 수 없는 것이라 하더라도 관심의 대상일 수밖에는 없다. 심지어는 현실세계에서 팔리는 제품의 디지털 버전이 오히려 더 고가에 거래가 되는 사례도 있다고 하니까 말이다.

이런 패션 기업들의 분위기는 당연히 패션쇼라는 대형 이벤트에도 영향을 미치게 되어, 최근에는 '버추얼 런웨이Virtual Runway'라는 용어까지 등장하였다. 코로나 사태로 2020년 대부분의 대형 패션쇼가 취소되거나 비공개로 열렸고, 코로나의 장기화로 이제는 새로운 형태의 패션쇼가 고민되어지고 있는 것이다. 2021년은 이러한 패션업계에 많은 독특한 시도들이 나타났던 해였고, 메타버스 플랫폼에서 아바타들이 런웨이를 걷는 '버추얼 패션쇼'도 선을 보였다. '임뷰IMVU'라는 3D 아바타 기반의 메타버스 플랫폼에서 버추얼 패션쇼가 세계 최초로 개최된 것이다.

그렇다면 이런 버추얼 패션쇼로 대표되는 새로운 움직임은 패션업계에 어떠한 영향을 주게 될까? 우선 그동안 패션쇼가 가져 왔던 공간의 한계를 넘어서는 시도들이 이어지게 될 것이다. 이제는 꼭 현실 속 공간에서만 패션쇼가 가능한 것은 아니다. 우주를 걸으며 자신의 패션 철학을 소개하는 형식의 패션쇼도 가능하고, 바다 깊은 곳에서 패션쇼가 진행될 수도 있을 것이다. 그리고 실물의 의상이 꼭 필요한 것이 아니기 때문에 더 다양하고 파격적인 의상 디자인이 가능해져 패션 디자인의 영역을 확장할 수 있도록 만들어 줄 것이다. 한국의 의류 브랜드인 '헤지스

HAZZYS'는 2021 가을/겨울 컬렉션을 선보이는 패션쇼를 국내 최초로 3D 버추얼 런웨이로 진행했는데, 이 패션쇼에서는 모델들이 등장하지 않고 의상이 살아 있는 것처럼 걸어 다니는 형식으로 표현을 하고 있다. 그동안의 패션쇼로는 표현할 수 없었던 새로운 방식을 적용한 실험인 것이다. 코로나라는 예상하지 못했던 재난으로 촉발된 변화라고도 할 수 있지만, 이제 패션 분야에서 메타버스라는 존재는 새로운 가능성을 열어주는 기회의 땅이 될 것이다. 너무나 많은 가능성과 잠재력이 새로운 가상세계에 놓여 있다. 이제 거기서 어떠한 것을 찾아내고 창작할 것인지는 우리 인류의 지혜에 달려 있다 하겠다.

2) 버추얼 미술관

버추얼 미술관은 인터넷에 가상으로 구축된 미술관으로, IT 기술의 발전으로 가능해진 새로운 형태의 미술관을 의미한다. 기존의 미술관은 물리적인 시설과 전문 인력을 보유하고 미술 소장품을 수집, 보관, 전시했다. 그런데 버추얼 미술관은 인터넷 등의 통신망을 이용해 관람자가 직접 찾아가지 않고도 소장품을 감상할 수 있다는 장점이 있다. 지금의 버추얼 미술관들은 대부분 기존에 이미 존재하고 있던 미술관을 디지털로 가상공간에 만들어 두고, 보유한 소장품의 온라인 전시를 주로 하고 있으나, 독립적으로 디지털상에서만 존재하는 미술관들이 점차 많이 생겨나고 있다. 버추얼 미술관의 대표적인 사례로 가장 많이 거론되는 것이 바로 '구글 아트 프로젝트Google Art Project'다. 구글 아트 프로젝트는 전

세계의 걸작들을 온라인에서 고해상도로 감상할 수 있는 서비스로, 전세계 40개국 이상의 미술관에 소장된 4만 점 이상의 작품을 고해상도 이미지로 제공한다. 실제 미술관을 걸어 다니는 것처럼 360도로 회전하면서 감상하는 가상현실을 체험할 수도 있으며, 작품을 육안으로 볼 수 없는 부분까지 확인이 가능하다. 이런 버추얼 미술관은 관객들 간의 상호작용성을 중요시한다. 구글 아트 프로젝트에서 작품을 감상한 사람들은 작품에 대한 코멘트를 공유하고 채팅방을 열어 특정 작품에 대한 의견을 나눌 수도 있다. 서로의 경험과 취향, 정보를 공유하며 적극적인 양방향 소통을 할 수 있으며, 누구나 직접 큐레이션을 하고 작품에 대해 논할 수 있다. 미술 소비자에게 열려 있는 곳이 IT 기술로 가능해진 것이다.

최근에는 메타버스라는 용어가 워낙 관심을 받고 있어서 '메타버스 미술관'이라는 용어도 자주 사용되고 있다. 2020년 6월 개관한 버추얼 미술관 보마(VOMA: Virtual Online Museum of Art, https://voma.space)를 어쩌면 최초의 메타버스 미술관이라 부를 수 있을 듯하다. 보마는 기존의 현실 속 미술관이 가상세계로 옮겨 간 것이 아니라 처음부터 가상공간에 구축한 버추얼 미술관이다. 실제 미술관 전시 공간처럼 느낄 수 있도록 가상공간의 이용자 이동감을 살리면서, 고전미술과 현대미술을 아우르는 폭넓은 작품으로 새로운 버추얼 미술관의 역사를 시작했다. 그 뒤로는 세계 각국에서 유사한 시도들이 이어지고 있으며, 소규모 전시회가 가상공간인 메타버스 서비스 플랫폼에서 개최되는 일이 일반화되어 가고 있다. 2021년에 열린 대부분의 미술 전시회에서 메타버스라는 용어를 함께 사용하고 있는 것을 보면, 이제는 버추얼 미술관이 완전히 대세로 자리를 잡은 느낌이다.

여기에 NFT(Non-Fungible Token: 대체 불가능 토큰) 기술의 도입으로 버추얼 미술관은 새로운 기회를 맞이하고 있다. 그동안의 버추얼 미술관은 현실에서 실체를 가지고 있는 작품들을 디지털화하여 가상공간에 전시하는 형태였지만, 이제는 현실에 실재하지 않는 오로지 디지털 파일 형식으로만 존재하는 '디지털 아트Digital Arts' 또는 '버추얼 아트Virtual Arts' 작품들이 전시되는 진정한 버추얼 미술관이 나타나고 있는 것이다. 즉 예술 작품의 물리적 원본을 중요시하던 미술계에서 가상세계의 미술품에 주목하게 되었다. 이는 NFT 기술이 디지털 작품에도 원본성을 부여할 수 있게 되었기 때문이다. 최근 NFT를 통해 가상공간에 존재하는 미술품을 구매하는 사례가 폭발적으로 늘게 되면서, NFT 미술 작품 거래를 위한 가상 거래소들이 디지털 미술 작품을 감상할 수 있는 버추얼 미술관의 기능을 수행하게 되었고, 일반 미술 애호가들이 더욱 다양한 작품들을 손쉽게 접해볼 수 있는 메타버스 미술관의 시대가 가까워지고 있다.

3) 버추얼 버닝 맨

미국 IT 산업의 중심지인 실리콘밸리에 있는 엘리트들이 여름이면 한 번씩은 꼭 다녀온다는 이벤트인 버닝 맨Burning Man 역시 코로나를 피해 가지는 못했다. 예전 같았으면 전 세계에서 모인 5만여 명의 참가자들이 '블랙록시티'를 만들어, 1주일간 춤추고 노래하고 새로운 창작 작업을 했을 것이다. 하지만 코로나로 인해 버닝 맨은 공식적으로는 취소되

버추얼 버닝 맨

었다. 그렇지만 세계의 많은 자원봉사자들이 참여하여 가상세계에서의 '블랙록시티'를 만들고 버추얼 이벤트 형식으로 행사를 진행했다. 버닝 맨이 가상세계로 들어온 것이다.

'버닝 맨 멀티버스Multiverse'로 명명된 2020년 버닝 맨 프로젝트는 여덟 개의 가상공간과 마지막 버닝 맨을 불태우는 가상 사원을 만들어 행사를 가상공간에서 진행했다. 그리고 2021년에도 버닝 맨 행사는 메타버스에서 진행되는 행사로 만들어졌다. 수만 명이 아주 넓은 사막에 모여 여기저기서 수천 가지의 이색적인 창작 활동을 하던 오프라인의 버닝 맨을 온라인에 완벽하게 재현한다는 것은 쉽지 않은 일이었기에 버닝 맨이 열릴 수 있는 모든 가상세계에서 버닝 맨이 열리도록 했고, 제한을 두지 않고 행사를 진행하고 있다. 그래서 '멀티버스'라고 테마를 정한 것이다. 마이크로소프트의 알트스페이스 VR처럼 오큘러스 VR 헤드셋을 착용하고 들어가야 하는 가상세계도 있고, 컴퓨터의 모니터 화면으로 들어갈 수 있는 가상세계도 있다. 메타버스가 수없이 많이 존재할 수 있으며, 그러한 가상세계가 서로 하나로 연결되는 통로를 가지고 있다는 것을 보여 주는 철학적인 이벤트라 할 수 있다. 이렇게 버닝 맨의 다양한 메타버스들은 오프라인에 모이지 못한 사람들에게 새로운 상상력을 주고 다양한 세계관을 경험하는 색다른 기회를 선사하였다. 물론 실제 사람과 사람이 만나던 기존의 버닝 맨과는 비교할 수 없겠지만, 코로나에도 불구하고 메타버스에서 함께할 수 있다는 것 자체가 주는 새로운 시대에 대한 영감은 얻을 수 있었던 버추얼 이벤트였다.

버닝 맨 행사 이외에도 대규모로 사람들이 모이는 행사들은 코로나로 인해 2020년 이후로 가상공간에서의 버추얼 이벤트로 변경되어 진행해야만 했다. 2년간의 경험과 시행착오로 버추얼 이벤트 행사에 대한 많은 노하우가 만들어졌지만 단순히 오프라인 행사를 어쩔 수 없는 이유로 온라인에서 개최하는 영혼 없는 이벤트들도 많이 등장하고 있다. 우리에게 주어진 새로운 기회라 할 수 있는 메타버스 가상공간을 활용한 이벤트에 이제는 어떠한 새로운 것을 담아낼 수 있을지에 대한 깊은 고민이 필요하다 하겠다. 축제의 철학과 담겨 있는 스토리를 이벤트에 참여하는 사람들에게 공유하고자 하는 모습의 행사가 만들어져야 한다. 코로나 이전에도 있어 왔던 이벤트를 그저 가상공간으로 옮겨 둔 행사가 아니라 메타버스에서 우리가 함께 있어야 하는 기본적인 이유가 담겨 있는 버추얼 이벤트를 기획해야만, 코로나 이후에도 버추얼 이벤트가 미래세대의 새로운 문화로 자리 잡을 수 있게 될 것이다.

5. 버추얼 콘텐츠 제작

1) 360 VR 영상 연출

'360 VR'은 모든 방향에서 일어나는 일을 볼 수 있게 해 준다. VR 헤드셋을 이용하면 상하좌우가 모두 보여 마치 촬영 현장에 있는 것 같은 몰입감을 주며, PC나 스마트폰에서 마우스나 손가락으로 동영상 화면을 360도 돌려 볼 수도 있다. 이는 사진을 이어 붙인 파노라마 이미지와는 달리, 마치 그 장소에 서 있는 것과 같이 보고 싶은 곳을 마음대로 볼 수 있다는 장점을 가진다. 360 VR 영상 콘텐츠는 기존의 영상 콘텐츠와는 여러 가지 면에서 다르고 시도된 지가 얼마 되지 않기 때문에 지금도 연출에 대한 경험이 하나둘 쌓여 가는, 완성되지 않은 진행형 콘텐츠라고 봐야 할 것 같다.

기존의 영상 콘텐츠에서는 한정된 사각의 스크린을 통해 콘텐츠를 소비하는 것이 일반적이었다. 그래서 마치 창을 통해 세상을 바라보는 것과 유사한 경험을 제공하였고, 밖의 세상을 보여 주는 창을 만들어 내는 것이 연출의 몫이었다. 하지만 360 VR에서는 그동안의 영상 콘텐츠 소비 경험이 완벽하게 달라진다. 360 VR은 콘텐츠 소비를 위해서 HMD

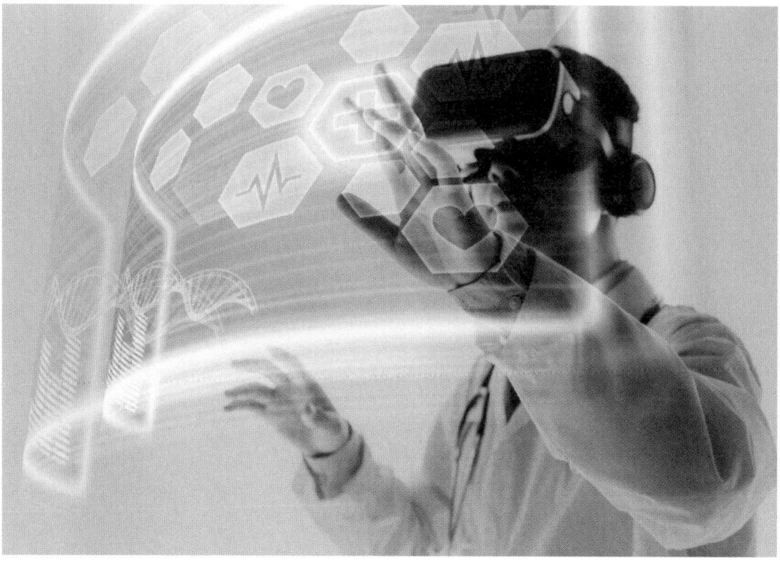

가상현실과 HMD(출처: 프리픽, © thx4stock)

를 착용해야만 한다. HMD를 착용한 콘텐츠 소비자가 360 VR을 볼 때는 스크린이 기존의 사각형 형태가 아니라 둘러싼 사방 전체가 모두 스크린이 된다. 기존의 영상 콘텐츠에 존재하던 사각의 프레임이 사라져 버리는 것이다. 스크린이라는 창을 통해서 세상을 바라보던 기존의 영상 콘텐츠 소비자들에게 창이 사라지고 영상 속에 자신이 존재하는 것 같은 느낌은 완전히 새로운 경험을 선사한다. 스크린 속의 가상공간이 내가 존재하는 현실공간처럼 느껴지는 가상현실 체험이 바로 VR의 매력인 것이다.

이런 VR의 특성 때문에 360 VR 촬영 때에는 기존의 영상 문법과는 다른 점들이 발생한다. 우선 360 VR은 이용하는 사람의 시선이 움직이는 것에 따라 영상의 프레임이 계속 바뀌게 된다. 마치 현실 세상에서 우리가 앞을 보다가 옆을 보면 보이는 부분이 달라지는 것처럼 영상 프레임이 끊임없이 움직임에 따라 변화한다. 콘텐츠 소비자가 어디를 보느냐에 따라 콘텐츠가 달라지게 되는 이런 현상은 360 VR 콘텐츠를 기획할 때 콘텐츠 소비자의 움직임까지도 고려하도록 연출자에게 새로운 숙제를 주고 있다. 또한 360 VR은 VR이 가지는 기본적인 속성상 1인칭 시점의 영상이 주로 보여지게 된다. 기존의 영상물들이 주로 3인칭 시점으로 제작된다는 점을 생각하면 이것도 큰 변화라고 할 수 있다. 물론 360 VR에서 3인칭 시점으로 촬영을 하는 것도 필요하다.

360 VR 영상의 경우에도 1인칭 시점으로 모든 스토리를 끌고 갈 수는 없기 때문에 3인칭이 필요한데, 3인칭으로 촬영을 하는 경우 360 VR에서는 독특한 느낌을 소비자에게 주게 된다. 미국에선 VR의 3인칭 시점에서 느끼는 이상한 감정을 '스웨이지 효과Swayze Effect'라고 한다. VR에서 3인칭으로 촬영한 장면들을 보고 있는 사람은 가상의 세계에 자신이 함께 있다고 느끼는 데 반해서, 가상세계에 존재하는 캐릭터들은 자신을 알아보지 못하고 투명인간처럼 취급한다. 이런 이상한 느낌의 경험을 영화 〈사랑과 영혼〉의 남자 주인공 페트릭 스웨이지가 죽임을 당하여 유령이 되었을 때 다른 사람들이 그를 알아보지 못하는 장면과 비슷하다고 하여 '스웨이지 효과'라고 부른다는 것이다.

또한 360 VR 영상의 경우에는 숏shot이라고 불리는 영상의 단위가 가지는 기능이 달라진다. 일반적인 영상 문법으로는 'full shot'으로 공간을 설명한 후에 'close-up'이나 'bust-shot' 등으로 다음 영상을 구성하여 공간과 시간에 대한 설명을 하는데, 360 VR은 기존의 영상물과는 다르게 영상을 보는 위치가 영상 화면 구성보다도 더 중요하다.

360 VR은 이제 막 실험이 시작되었고 새로운 영상 문법을 하나하나 만들어 가는 맹아기라고 할 수가 있다. 그만큼 새로운 시도를 해 볼 공간이 많이 주어져 있고 도전을 해서 개척해야 하는 미지의 영역인 것이다. VR이 지금은 이용하기 위한 편리성이 많이 떨어지고 있어 특정한 환경에서만 의미 있는 경험을 할 수 있는 치명적인 단점을 가지고 있지만, 기존의 영상 콘텐츠와는 완벽하게 새로운 경험을 선사한다는 차별성을 가지고 있기 때문에 분명 밝은 미래를 가지고 있는 미래 콘텐츠라 하겠다.

2) 버추얼 프로덕션

영상 제작에 특수효과 사용이 점차 증가하면서 영상 콘텐츠 제작 방식 자체가 기존의 시스템과는 너무나도 다르게 변화하고 있다. 컴퓨터그래픽과 게임 엔진 그리고 위치 추적, 여기에 클라우드 기술까지 결합하면서 촬영 현장은 말 그대로 IT 기술의 집합체가 되어 가고 있다. 다양한 기술들이 결합되어 촬영 현장의 카메라에 컴퓨터그래픽 등 특수효과가 실시간으로 합쳐지는 제작 방식을 '버추얼 프로덕션'이라 부르고 있다. 버추얼 프로덕션을 위해서는 '버추얼 스튜디오'와 '인 카메라In-Camera VFX' 등의 인프라가 갖춰져 있어야 하기 때문에 관련 시설에 대한 투자가 활발하게 이루어지고 있는 중이다.

'버추얼 스튜디오Virtual Studio'는 세트 전체를 대형 LED 스크린으로 꾸며서 영상물 촬영에 필요한 다양한 형태의 배경을 고화질 LED 스크린에 구현하여 촬영할 수 있도록 만든 시설이다. 설치와 철거를 반복해 제작비가 많이 드는 기존 물리적 세트의 단점을 '버추얼 스튜디오'를 통해 해결할 수 있으며, LED 화면의 3D 배경으로 촬영하면서 특수효과를 동시에 적용할 수 있다는 장점을 가지고 있다. 버추얼 스튜디오에서는 실시간으로 렌더링 결과물을 제공하는 '언리얼 엔진'을 활용해 촬영 단계에서 거의 최종 결과물에 가까운 장면을 볼 수 있고, 이를 실시간으로 구상하고 수정할 수 있다. 그래서 버추얼 스튜디오 현장에서는 협의가 필요한 장면을 제작 관계자들이 한 번에 확인하고 결정할 수 있다. 후반 작업 단계에서의 후보정 작업을 최소화해 전체 영상 제작 시스템의 작업 효율성을 높일 수 있는 이점이 있는 것이다. 또한 영상물의 출연자 입장에서도 기존에 허공에 연기하던 방식보다는 특수효과가 실시간으로 나타나는 화면을 보고 연기를 할 수 있기 때문에 좀 더 자연스러운 연기가 가능해진다. 특히 여기에 VR, AR, XR 기술이 적용되면 버추얼 콘서트 같은 미래형 콘텐츠 제작이 가능하기 때문에 세계적인 콘텐츠 기업들이 앞다투어 관련 투자를 하고 있다.

'인 카메라 VFX'는 카메라 트래킹 기술과 게임 엔진의 리얼 타임 렌더링을 결합하여 버추얼 스튜디오의 LED 화면 앞에서 연기를 하고 있는 배우와 LED 배경 화면이 마치 실제 그 장소에서 촬영한 것처럼 자연스럽게 보이는 영상을 만들어 낸다. 기존의 녹색 화면을 활용하던 크로마키 촬영은 아무리 정교하게 작업을 하려 해도 영상을 보는 사람들이 가짜 배경에서 만든 영상이라는 것을 바로 눈치챌 수밖에 없었다. 게다가 크로마키 배경 앞에서 연기하는 사람이 많이 움직이거나 화면의 사이즈를 변경할 경우에는 더욱 배우와 배경의 불일치가 커 보였다. 그런데 '인 카메라 VFX'의 경우에는 카메라가 배우의 움직임에 따라 배경이 일치하도록 자동으로 조정하며 동기화를 유지한다. 이처럼 배경과 배우가 가상 환경에서도 마치 하나의 세트처럼 동기화되어 카메라에 잡히도록 설정되기 때문에 특수효과가 실시간으로 자연스럽게 화면에 나타나는 것이다. 막대한 자금이 들어가던 후반 특수효과 작업이 줄어들고 촬영 단계에서 완성물에 가까운 영상물이 나오기 때문에, 촬영 스태프나 출연자들 모두에게 아주 획기적인 영상 제작 방식이라 하겠다.

3) 모션 캡처

'모션 캡처'는 움직이는 동물이나 사람을 컴퓨터그래픽으로 마치 실제의 생물처럼 정교하게 표현하기 위해 고안된 방법이다. 촬영하고자 하는 대상(동물, 사람) 전체에 수많은 센서를 달고 움직이게 만든 뒤 이를 데이터화하고 3D 스캔으로 만든 이미지와 연동하여 실제와 비슷한 움직임을 표현하는 기술이라 하겠다. 여러 가지 방식이 개발되어 각각의 경우에 맞게 활용되고 있지만, 가장 일반적인 방법은 마커를 이용하는 광학식 모션 캡처다. 일종의 업계 표준으로 자리를 잡고 있어, 많은 노하우나 관련 자료들이 축적되어 있다.

과거에는 주로 대형 할리우드 영화나 게임 제작에 활용되던, 말 그대로 특수한 기술이었다가 이제는 거의 모든 콘텐츠 제작에 기본적인 요소로 발전해 가고 있는 단계이다. 사람의 모습을 3차원(3D) 영상 데이터로 만들어 다양한 형식의 콘텐츠에 활용하고 있는데, 최근 많은 관심의 대상이 되고 있는 '버추얼 캐릭터' 분야에서는 기본이 되는 기술이

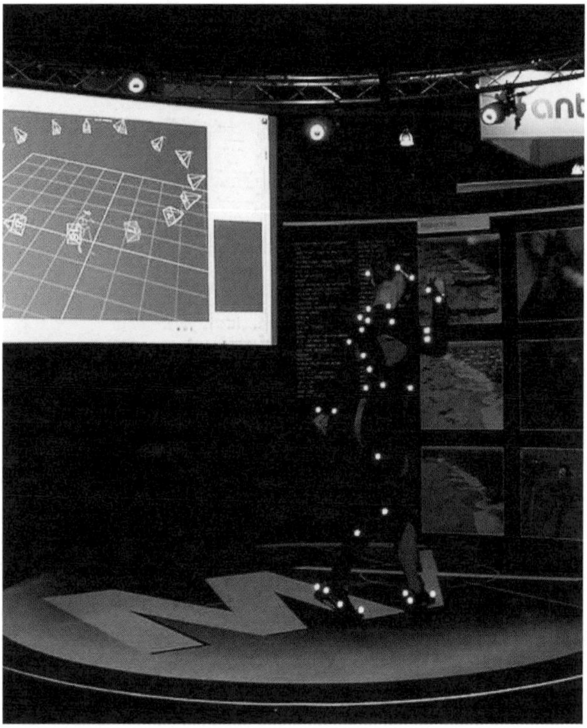

모션 캡처(출처: 위키피디아, © T-tus)

다. 모션 캡처 스튜디오들이 밀려드는 수요를 감당해 내기 위해 적극적인 투자를 하면서 배우의 손가락 움직임까지 캡처할 수 있는 정도의 정밀한 수준까지 제작이 가능해졌다. 여기에 3D 포토 스캐너 장비의 발달로 사람의 외형을 그대로 데이터화하는 것이 가능해져 거의 실사 영화의 배우에 가까운 가상 배우를 만들 수 있게 됐다. 100대가 넘는 카메라를 구球 형태로 설치하고, 순환 조명 시스템을 갖춰 인물의 섬세한 표정이나 옷의 주름까지도 정확하고 자연스럽게 데이터화할 수 있다. 그리고 특별히 사람의 얼굴을 캡처하여 데이터화하는 작업은 '페이스 캡처

Face Capture'라고 부르고 있다. 페이스 캡처는 스마트폰에서도 이용할 수 있도록 일반인들까지 편하게 사용하는 제품까지 나와 있다. 이와 같은 캡처 기술의 대중화는 유튜브 1인 크리에이터들이 '버추얼 유튜버Virtual Youtuber'라고 불리는 새로운 분야에 도전할 수 있도록 하는 환경을 만들어 주고 있다.

4) 제페토 크리에이터

자유도가 높은 게임에서는 가상 아이템을 창작하여 다른 게임 이용자들에게 판매하는 행위가 오래전부터 있어 왔지만, 아무리 자유도가 높은 게임이더라도 게임 내에서의 창작 행위를 직업적으로 수행하는 일이 쉽지는 않았다. 그런데 메타버스를 지향하는 게임이나 서비스가 등장하면서 가상세계에서의 창작이 직업으로 가능해지고 있다. 아마 가까운 미래에 우리는 가상 아이템이나 버추얼 콘텐츠를 만드는 전문 크리에이터들을 많이 볼 수 있게 될 것이다.

메타버스 플랫폼인 제페토의 서비스 구성 요소 중에는 '제페토 스튜디오'가 있는데, 이것은 사용자 누구나 제페토라는 가상세계의 가상 아이템을 제작할 수 있는 도구이다. 동물의 숲 게임에서 자신의 섬을 원하는 대로 꾸밀 수 있는 것처럼 제페토 이용자들은 이 도구를 사용하여 마음껏 자신의 제페토 세상을 만들 수 있다. 또한 제페토 스튜디오를 이용하여 다른 아바타들이 입는 의상이나 장신구 등도 제작이 가능하다. 컴퓨터그래픽 프로그램을 잘 다룰 수 있는 사람이라면 누구나 어렵지 않게 제페토 스튜디오로 가상 아이템 제작이 가능하기 때문에 여기에 도전하여 판매하고 수익을 거두는 일이 제페토에서 일어나고 있으며, 이런 사람들을 '제페토 크리에이터'라 부른다. 제페토 이용자가 전 세계적으로 2억 명이 넘기 때문에 가상 아이템의 시장 규모도 상당히 커져서 직업적으로 제페토의 가상 아이템을 만드는 사람들이 생겨날 수 있는 환경이 조성되어 있는 것이다. 특히 언론에서 많이 소개가 됐던 제페토 크리에이터 '렌지'는 제페토 내에서 약 36만 명의 팔로워를 보유한 인플루언서다. 100만 개 이상의 아이템을 직접 디자인해 판매했는데, 본인의 유튜브 채널에서 '제페토를 통한 월 수익이 1,500만 원을 웃돈다'고 공개해 화제를 모으기도 했다. '렌지' 외에도 '제페토 크리에이터'라는 키워드를 검색해 보면, 제페토에서 활동하며 새로운 비즈니스 기회를 만들고자 하는 사람들이 빠르게 증가하고 있는 것을 알 수 있다. 2021년 9월에 이미 제페토 스튜디오 이용자가 70만 명을 넘었고, 등록된 가상 아이템이 200만 개에 달한다고 한다.

제페토 스튜디오는 미국의 유명 메타버스 게임인 로블록스의 저작도구 '로블록스 스튜디오'와 유사한 구조이다. 로블록스 스튜디오를 이용하면 코딩을 모르는 사람도 쉽게 로블록스에서 이용 가능한 게임을 제작할 수 있다. 로블록스는 가상 아이템뿐 아니라 게임을 만들 수도 있기 때문에 로블록스 안에서 게임을 제작하는 사람들을 '로블록스 개발자 Roblox Developer'라고 부른다. 2020년 기준으로 로블록스에는 125만 명의 개발자가 있으며, 이들이 한 해 동안 벌어들인 수익은 3억 2,800만 달러(약 3,723억 원)에 달했다고 한다. 로블록스는 게임 내 아이템 판매 수익을 개발자들과 배분하는 정책을 가지고 있는데, 이는 제페토도 유사하다.

두 서비스 모두 창작자들에게 수익이 만들어지도록 하면서 서비스 내의 콘텐츠를 확보하는 선순환 구조를 만들어 낸 것이다. 로블록스와 제페토는 단순히 게임하고 체험하는 가상공간을 넘어서, 노동과 생산 활동으로 수익을 창출할 수 있는 미래 가상공간을 지향하고 있는 것이다.

4장

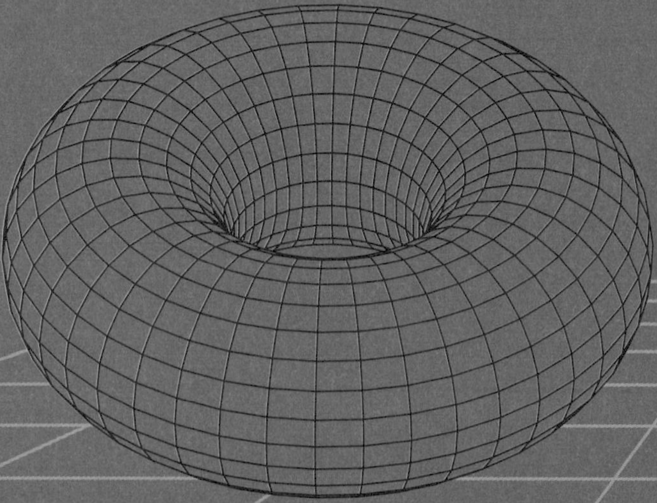

NFT, 버추얼 휴먼 그리고 메타버스

1. 메타버스와 콘텐츠 저작권

1) 메타버스 몽상가 '필립 로즈데일Philip Rosedale'

소설 속 상상의 아이디어였던 메타버스를 구현하여 엄청난 반응을 만들어 냈던 '세컨드 라이프'. 세컨드 라이프의 광풍은 잠깐 동안의 바람으로 끝이 났지만, 아바타의 가상세계를 구현한 메타버스 몽상가 '필립 로즈데일'의 꿈은 거기서 멈추지 않았다. 세컨드 라이프와 결별한 그는 여전히 가상세계에 대한 믿음을 버리지 않고 새로운 도전을 한다. 그는 자신이 꿈꾸었던 메타버스가 VR 기술로 가능할 수 있다고 생각하였고, VR 기반의 메타버스 '하이 피델리티High Fidelity'를 창업하였다. 이 VR 기반의 가상세계 구축에 세컨드 라이프 노하우를 적극적으로 적용하여 또 한번의 히트작을 만들고자 한 것이다. 세컨드 라이프의 가상경제체제는 '린든 달러'라고 불리던 자체 통화를 가지고 있었고, 메타버스 내의 부동산개발은 가장 큰돈을 벌었던 사업이었다. 이런 경험을 바탕으로 그는 VR 기반의 메타버스 '하이 피델리티' 구축에 자체 통화와 부동산 거래를 강조하는 방식의 사업을 진행한다.

그리고 새로운 기술을 하나 더 결합시키면서 시대적인 흐름까지 타고 가려고 하였는데, 그 새로운 기술은 바로 '블록체인'이었다. 'VR'과 '블록체인'이라는 새로운 기술을 접목하여 세컨드 라이프의 영광을 다시 한번 재현하고자 한 것이다.

비트코인과 이더리움 등 암호화폐의 열기로 블록체인 기술은 많은 사람들에게 엄청난 관심의 대상이 되었다. 그런데 이상적인 블록체인 기술을 현실 경제에 결합시키는 것은 여러 가지 난관이 있다. 그래서 가상세계의 경제에 블록체인 기술, 가상화폐를 적용하면 좋겠다는 아이디어가 나온 것이다. 이런 배경에서 필립 로즈데일은 '하이 피델리티'에 블록체인 기술을 적용하여 'HFC(High Fidelity Coin)'라는 암호화폐를 자체 통화로 만들었다. 그는 메타버스 암호화폐인 'HFC'가 가상세계 창작자를 보호하는 역할을 해 줄 거라 주장했다. 세컨드 라이프의 경험으로 가상세계 창작물에 대한 보호가 필요하다고 느꼈고, 이를 해결해 줄 수 있는 기술로 블록체인을 적용하게 되었다는 것이다. 가상세계 창작물의 소유권과 진본성을 입증해 줄 수 있는 블록체인 기술로 콘텐츠 창작자들의 작품을 보호하고 가상세계 사용자들이 이익을 얻을 수 있도록 해야만 메타버스가 성공적으로 만들어질 수 있다고 믿었던 것이다. 그는 메타버스에 지적 재산권 개념이 없다면 창작물들이 동의 없이 바로 복제되어 버리기 때문에 새로운 것을 창작하려는 동기부여가 사라지게 된다고 생각했다. HFC에 적용한 블록체인 기술은 창작자들의 작품에 코드 인증서를 할당하여 가상세계의 창작물에게도 원본임을 확인할 수 있도록 하고, 누구도 가짜를 만들거나 해킹할 수 없도록 해 준다는 것이다.

이렇게 그는 메타버스 경제체제에 블록체인 기술을 적용한 사업을 추진하여 투자자들의 관심을 끄는 것에 성공한다. 그리고 2018년에는 47개국에서 배우, 예술가 및 음악가 400여 명의 아바타가 완전히 VR 기반의 메타버스에 모이는 최초의 음악 및 엔터테인먼트 축제 'FUTVRE LANDS'를 개최하기도 한다.

VR 기반의 축제 'FUTVRE LANDS'

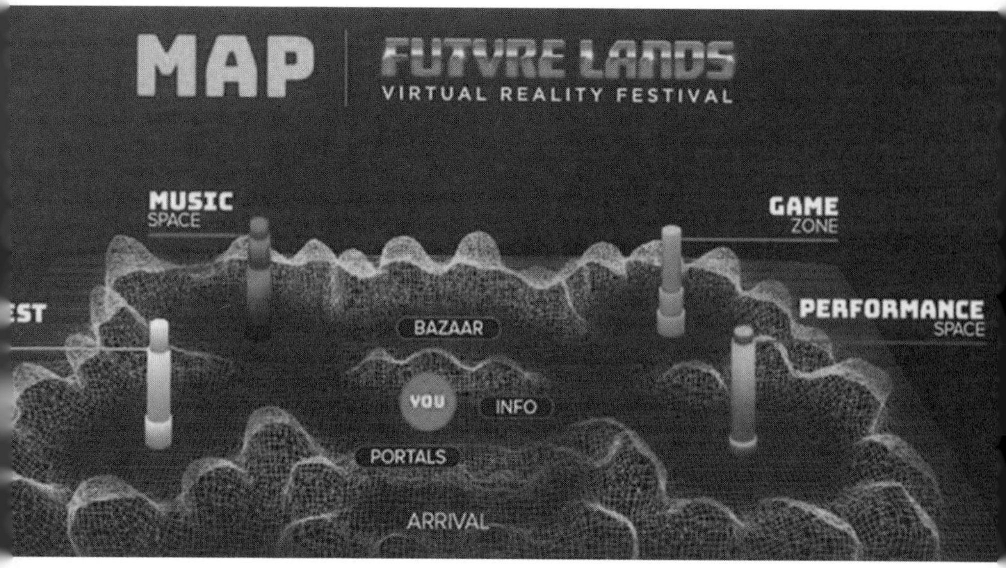

하지만 메타버스 몽상가의 재도전의 결과는 성공적이지 못했다. 현재 '하이 피델리티'는 VR 기반의 메타버스 사업을 접고, 가상공간의 사운드 전문 기업으로 영역을 변경한 상태이다. 메타버스 몽상가 '필립 로즈데일'. 그의 도전은 아직 성공하지 못했다. 하지만 그의 꿈이 여기서 멈추지는 않을 것이다. 그가 꿈을 실현할 새로운 사업을 구상하여 다시 또 어떤 모습으로 돌아올지 기대가 된다. 메타버스의 꿈은 계속되고 있다.

2) 메타버스와 NFT

메타버스 몽상가 '필립 로즈데일'은 '블록체인'이라는 새로운 기술을 접목하여 최초의 메타버스 서비스인 '세컨드 라이프'의 영광을 다시 한번 재현하려고 했다. 블록체인 기술로 가상세계 창작물의 소유권과 진본성을 입증하여 자유로운 거래가 가능하도록 하고, 이를 통해 창작자와 가상자산 소유자들의 권리를 제대로 보호하는 장치를 메타버스 안에 만들고자 한 것이다. 이렇게 가상세계 창작물을 보호하기 위해 새롭게 등장한 개념이 바로 'NFT'다.

NFT는 하나의 토큰을 다른 토큰으로 대체하는 것이 불가능한 암호화폐를 말한다. 이게 조금 이해하기 쉽지 않은 개념일 수도 있는데, 일반 화폐처럼 암호화폐도 보통 화폐 자체의 가치는 똑같기 때문에 5만 원권 지폐는 어느 것이나 똑같은 5만 원의 가치를 가진다. 그런데 NFT는 발급된 코인마다 특정 코드가 부여되어 모두 다른 가치를 가지게 된다는 뜻이다. 그런데 왜 이런 새로운 암호화폐가 필요할까? 바로 디지털 창작물에 진본성을 부여하여 소유와 판매가 가능한 상품으로 만들기 위해서다. NFT로 인해 특정 디지털 창작물은 복제하는 것이 불가능해진다. 블록체인 기술로 특정한 코드를 부여받아 진본성을 가지기 때문이다. 이렇게 해서 디지털 창작물이 희소성을 갖게 되면서 소유와 판매가 가능한 상품이 될 거라 판단한 것이다. 이 개념은 토지를 상품화하는 것과 유사하다. 토지는 그 위치에 따라 같은 크기라 하더라도 가치가 모두 다르다. 그래서 토지에는 지번이라는 고유 번호를 부여하여 특정한 상품으로 소유와 판매가 가능하도록 하고 있다. 여기에 하나 더, NFT는 토큰의 소유권을 지분처럼 나눌 수 있다는 특징이 있다. 창작물의 일부에 대한 소유권을 인정해, 토큰을 1/n과 같은 형태로 나눠서 구매할 수 있는 것이다. 아주 고가의 가상 창작물도 이렇게 지분을 쪼개서 소유와 판매가 가능하다면 더 많은 거래가 이루어질 수 있을 것이다.

NFT를 적용한 디지털 창작물들은 현재 시장의 분위기를 탐색하고 있는 상황이다. 가상세계 창작물 시장이라는 새로운 경제체제가 만들어질 수 있을 것인가에 대해 긍정론과 회의론이 공존하고 있다. 일부의 예술가 그룹들이 적극적으로 NFT를 받아들이며 새로운 창작 실험을 하고 있고, 혁신적인 사업을 진행하는 많은 스타트업들도 이 분야에 뛰어들고 있다. 물론 아직은 불확실한 시장으로 실패 사례가 성공 사례보다도 많지만, 현재까지 출시된 NFT 적용 디지털 창작물 중 성공 사례로는 '크립토키티Cryptokitties'와 'NBA 탑샷Top Shot'이 많이 회자되고 있다.

통신과 디지털 기술로 사이버세상이 만들어지자, 인류는 사이버문화를 만들어 냈다. 인류는 어떠한 환경에서도 그에 적응하여 살아가며 새로운 문화와 콘텐츠를 만든다. 이제 새롭게 열리고 있는 가상세계 '메타버스'가 우리 인류에게 새로운 창작의 영역을 열어 주고 있다. 메타버스와 블록체인의 만남, NFT가 과연 가상세계 창작물 시장의 문을 활짝 열어 줄까?

2. NFT (Non-Fungible Token: 대체 불가능 토큰)

1) 크립토키티Cryptokitties

크립토키티는 NFT의 잠재력을 세상에 알린 기념비적인 콘텐츠다. 가상의 반려동물을 키우는 게임인 이 크립토키티가 독특한 지점은 바로 세계 최초로 블록체인 기술 기반으로 만들어졌다는 점인데, 암호화폐 이더리움(Ethereum: ETH) 기반의 온라인 게임이다. 블록체인 기술 기반이기 때문에 게임에서 사용되는 모든 데이터가 원천적으로 해킹이 불가능하다. 그런데 왜 게임에 블록체인 기술을 적용하여 해킹이 불가능하도록 해야 할까? 솔직히 현재 서비스되고 있는 모든 게임들이 해킹에 100% 안전한 것은 아니지만, 그렇다고 해서 모두가 여기에 블록체인 기술을 적용하는 건 아니다. 블록체인이 해킹을 방지해 주는 장점이 있는 반면에 도입했을 경우에 얻게 되는 실익이 크지 않거나 다른 문제가 발생할 수도 있기 때문에 대부분의 게임에서는 아직은 이를 시도하지 않고 있는 것이다. 물론 크립토키티의 성공 이후에는 게임 중에 블록체인 기술을 기반으로 하는 것들이 많이 나오고는 있지만 인기 게임들 중에는 아직 사례가 없다. 그럼 크립토키티는 왜 블록체인 기반의 게임으로 출시됐을까? 새로운 기술을 적용해 보고자 하는 욕구와 함께 이 게임이 블록체인과 궁합이 잘 맞았기 때문이기도 하다. 크립토키티는 고양이 캐릭터를 수집하고 교배시키는 게임으로, 암호화폐를 사용하여 사고팔 수 있도록 하고 있다. 크립토키티에서 새로운 고양이를 얻는 방법은 두 가지가 있다. 첫 번째는 마켓에 들어가 이더리움으로 금액을 지불한 후 판매 중인 고양이를 구입하는 방법이다. 두 번째는 기존의 고양이들을 교배시켜 새로운 고양이를 획득하는 것이다. 크립토키티에서 새로 탄생하는 고양이의 가격은 매력도에 따라 달라지는데, 가장 큰 특징은 크립토키티 고양이들이 제각각 다른 모습을 하고 있다는 점이다. NFT 기술의 적용으로 고양이의 외모는 무작위로 결정되도록 설계되어, 게임 사용자들은 전 세계에 단 하나밖에 없는 고양이를 갖게 되어 있다. 이렇게 게임에서 만들어지는 고양이 캐릭터들이 모두 다른 모습이기 때문에, 고양이마다 서로 다른 가격이 형성되어 있으며 실제로 한 고양이 캐릭터는 1억 원이 넘는 금액에 팔리기도 하였다. 와우! 그냥 게임을 하면서 고양이 캐릭터가 만들어졌는데 누군가가 내 고양이 캐릭터를 1억에 구매해 간다면 어떤 기분일까? 이 고양이 캐릭터에 1억이라는 가격이 형성된 것은 사실 리니지 같은 게임에서 몇 억이 호가하는 아이템이 존재하는 걸 생각하면 별것 아닐 수도 있다. 하지만 리니지에서 그런 비싼 아이템들은 실제로 얻기 위해서는 엄청난 시간을 투자해야만 하는 것이다. 어쩌면 시간을 돈으로 사는 것일 수도 있다. 그런데 크립토키티의 고양이 캐릭터는 그냥 운이다. 나한테 다른 사람들이 가지고 싶어 하는 외모의 고양이 캐릭터가 생기는 것은 무작위로 결정되기 때문이다.

크립토키티는 게임 자체가 캐릭터도 귀엽고 재미가 있어서 인기가 생겼고, 여기에 큰돈까지 운으로 벌 수 있다는 것이 사람들의 관심을 폭발시켰다. 크립토키티는 과거의 펫 수집 게임에서 한 단계 더 발전하여 교배를 바탕으로 새로운 펫을 무작위로 만들어 내고 이들의 시장적 가치를 매기는 재미를 더하면서 대박을 낸 것이다. 디지털 세계에서는 무엇이든 복사가 가능하고, 복사된 것은 원본과 동일한 파일이기 때문에 하나밖에 있는 것은 존재할 수 없다. 그런데 블록체인 기술을 이용하여 디지털 세계에 복제가 의미 없도록 하는 NFT를 적용함으로써 디지털 콘텐츠에 소유권을 보장해 주는 것이 가능해졌다는 것을 사람들에게 널리 알리게 되었다는 점에서 크립토키티는 혁명적인 서비스인 것이다. 크립토키티에 대한 긍정적인 평가가 줄 이은 이후, 블록체인을 기반으로 하는 유사한 게임들과 콘텐츠 서비스들이 계속해서 개발되면서 크립토키티는 NFT 콘텐츠의 출발점이 되었다.

크립토키티의 고양이들이 단 한 마리도 생김새가 같지 않으며 각각 다른 모습을 가지고 있는 것은 이 게임이 NFT 코인을 만드는 ERC-721 표준을 따르고 있기 때문이다. ERC는 'Ethereum Request for Comment'의 약어로 이더리움의 표준 규칙이다. 이더리움 기반의 서비스들은 이 규칙을 따르도록 되어 있는데, ERC-721은 이더리움 블록체인에서 대체할 수 없거나 세상에 하나뿐인 고유한 토큰(암호화폐)을 만드는 방법을 설명하는 무료 공개 표준이다. 이더리움을 기반으로 만들어지는 토큰의 기술 표준은 ERC-20과 ERC-721이 있는데, 대부분의 토큰은 우리가 알고 있는 일반 화폐처럼 거래가 가능한 성격을 가진 ERC-20을 사용하지만, 특별하게 세상에 하나뿐인 토큰을 만드는 경우에는 ERC-721를 사용한다. ERC-721이 바로 NFT 발행의 표준 규칙인 것이다.

그런데 크립토키티가 이더리움 기반의 ERC-721 표준을 따르고 있기 때문에, 이 게임 역시 이더리움이 현재 가지고 있는 한계도 그대로 보여주었다. 크립토키티가 큰 관심을 받으면서 이용자가 늘어나자 트래픽이 폭발적으로 증가했고 이는 이더리움 네트워크에 과부하를 만들어 전체 이더리움 서비스가 지연되는 문제가 발생한 것이다. 이는 앞으로 이더리움 기반의 서비스들이 해결해야 할 큰 과제이자 블록체인 기술을 기반으로 만들어지는 서비스들이 해결해야 할 원천적인 문제이기도 하다. 또 하나의 큰 문제는 이더리움을 사용하게 되면 새로운 변화가 생길 때마다 수수료를 지불하게 되어 있는데, 이 금액이 부담스러운 수준이라는 것이다. 이러한 문제로 크립토키티의 높은 인기는 조금씩 시들어 갔다. 그러나 이런 문제들에도 불구하고 NFT에 대한 대중적인 관심을 불러일으키며, 미래 콘텐츠 산업의 핵심으로 떠오른 버추얼 콘텐츠에 대한 첫 걸음을 만들어 준 크립토키티의 공로는 역사에 기억될 것이다.

2) NBA 탑샷Top Shot

크립토키티로 기술력과 기획력을 인정받은 블록체인 기반 스타트업 '대퍼랩스Dapper Labs'는 이후 미국프로농구협회(NBA)와 파트너십을 체결하고 새로운 블록체인 기반 수집 게임을 2020년 출시했고, 이렇게 탄생한 'NBA 탑샷'은 대박이 나면서 다시 한번 NFT의 가능성을 보여 주었다.

NBA 탑샷은 수집용 스포츠 카드를 디지털화한 것이다. NBA 협회의 공식 허가를 받아서 NBA 주요 게임 명장면 영상을 NFT로 만들어서 판다. 판매 방식이 한 팩 단위로 되어 있어 기존에 종이로 된 스포츠 카드를 판매하는 방식과 유사하다. 팬들에게 새로운 콘텐츠를 구매하도록 하면서 기존의 유료 아이템과 비슷한 것이라는 느낌을 주어 거부감을 줄인 것이 적중한 것이다. 현재 기존의 종이 스포츠 카드와 비슷한 수준의 가격대가 형성되어 있으며, 종이 스포츠 카드처럼 이 새로운 유료 아이템을 소비자들은 거부감 없이 받아들이고 있다. 디지털 파일로 되어 있지만 NFT 기반이기 때문에 원본성을 인정받고 소유와 거래가 가능하다. 종이 스포츠 카드가 비싼 선수의 NBA 탑샷은 당연히 고가에 판매되고 있는데, 비싼 것은 10만 달러 이상으로도 거래가 되고 있다고 한다. NBA 탑샷을 암호화폐뿐 아니라 현금으로도 구매가 가능하도록 한 것도 안정적인 성공을 하게 된 이유라 하겠다. 미국 NBA 협회 입장에서는 안정적인 새로운 수익 아이템을 확보하게 되었고, 팬들의 입장에서는 자신이 좋아하는 스타의 미래지향적이고 새로운 콘텐츠를 독점 소유하는 기쁨을 누리게 되었다.

크립토키티 게임이 블록체인이 가지고 있는 한계점을 보여 주면서 주춤한 것과는 다르게, NBA 탑샷은 NFT 기반의 유료 아이템으로 안정적인 모습을 보여 주고 있다. NFT가 마치 일확천금을 벌어 주는 도깨비 방망이처럼 인식되고 있는 상황에서 안정적으로 디지털 콘텐츠가 거래되고 많은 소비자에게 사랑받는 거의 최초의 사례가 아닐까 한다. 이후 '대퍼랩스'는 다양한 스포츠 협회들과 NFT 스포츠 디지털 카드를 만들고 있으며, 아예 이더리움을 벗어나 자체 블록체인 플랫폼으로 NFT 거래를 시도하고 있기도 하다.

3) 디센트럴랜드Decentraland

대표적으로 성공한 NFT 기반 콘텐츠로 '크립토키티'와 'NBA 탑샷'에 대해 얘기했는네, 사실 지금 블록체인 시장에는 정말 엄청나게 많은 수의 NFT 프로젝트들이 시도되고 있다. 몇몇 NFT 작품들이 몇백 억에 팔렸다는 선정적인 뉴스에 흥분한 사람들이 미래의 골드러시라고 생각하고 너도나도 뛰어들고 있는 것이다. 일일이 이 많은 NFT 프로젝트들을 다 소개할 수는 없지만 그중에 메타버스의 부동산을 NFT로 판매하는 프로젝트들은 그 성공 여부에 따라 우리의 미래가 완전히 달라질 수 있기 때문에 여기서 살짝 소개해 본다.

자유도가 높은 게임에서 이용자가 창작 활동을 하는 것 중에 건물을 짓는 것은 따로 '하우징Housing'이라는 용어를 사용한다. 현실세계에서도 다른 물건들과 비교해서 부동산은 그 성격이 완전히 구별되어 관리하는 방식이 따로 존재하는데, 가상세계에서도 비슷한 상황이 나타나고 있는 것이다. 게임에 본격적인 하우징 시스템이 처음 도입된 것은 1997년 서비스를 시작한 '울티마 온라인'이라고 한다. 이 게임은 처음으로 MMORPG라는 용어를 적용한 게임으로도 유명하다. 그런데 이 게임에서부터 이미 가상공간의 부동산 문제가 생겼다고 한다. 게임 내 세계의 면적은 한정되어 있는데 서로 좋은 위치에 자신의 집을 지으려고 했기 때문에 당연히 부동산 가격은 올라갔고 그럴수록 서로 게임 내 땅을 가지려고 하는 악순환이 벌어진 것이다. 사람이 살아가는 이치는 현실과 가상세계가 유사하다 하겠다. 가상세계에서도 현실세계처럼 좋은 위치에 집과 건물을 지어 소유하려는 사람은 많았지만, 집 짓기에 좋은 땅은 특정 위치로 한정될 수밖에 없는 상황이 나타난 것이다. 최초의 메타버스 서비스인 세컨드 라이프에서도 역시 이 부동산으로 인한 빈부의 격차 문제가 크게 나타나 부동산개발로 백만장자 아바타까지 생기는 문제가 있지 않았는가? 물론 이런 문제는 거꾸로 생각해 보면 오히려 앞으로 가상공간이 언제든지 매력적인 투자상품으로 인식될 수 있는 잠재력을 가진 이유가 부동산 때문이라 볼 수도 있으리라. 그런 생각으로 일부 가상세계 부동산에 NFT를 적용하여 매력적인 투자상품으로 개발하고 이를 판매하는 사업가들이 메타버스 열풍으로 점점 늘어나고 있다.

최근 메타버스에 대한 관심이 다시 높아지면서 메타버스의 부동산 사업들이 여러 가지 형태로 추진되고 있는데, 그중 가장 많은 관심을 받았던 프로젝트는 바로 '디센트럴랜드Decentraland'다. 이 게임의 목표는 디센트럴랜드라는 메타버스를 이용자가 직접 소유하고 관리하며 계속 그 안에서 아바타로 살아가고 싶은 매력 있는 가상세계로 가꿔 가는 것이다. 게임 안에서 구획된 땅은 '랜드LAND'라고 부르는데, 도로와 광장을 제외한 모든 랜드는 사고팔 수 있다. 대체 불가능 토큰을 활용하여 '디센트럴랜드'의 가상토지인 '랜드'를 고유한 디지털 자산으로 소유 및 거래가 가능하도록 만들었는데, 메타버스와 블록체인을 결합하여 투자자들이 열광적으로 참여할 만한 새로운 상품을 개발한 것이다. 이 프로젝트는 2018년 실시한 ICO에서 35초 만에 만 명의 투자자로부터 목표 금액인

270억 원을 모으며 관심을 받았고, NFT가 적용된 디센트럴랜드 땅을 1차와 2차에 걸쳐 경매하기도 했다. 게임 속 토지는 랜드라는 이름의 NFT를 발행하여 원본성을 부여하고 소유와 판매를 가능하도록 하고, 디센트럴랜드에서 사용하는 자체 화폐는 '마나MANA'라는 이름의 ERC-20 표준 코인을 발행하여 사용하도록 하고 있다. 그래서 디센트럴랜드는 두 개의 암호화폐를 가지고 있는 것이다. NFT 코인인 '랜드'와 게임 내 거래 활동으로 사용하는 '마나'가 동시에 존재하고 있다. 그런데 초기의 열기에 비하면 이 가상부동산을 판매하고 있는 디센트럴랜드는 사람들의 관심이 많이 떨어진 상태이다. 누군가에게는 디지털 자산으로 이런 돈 거래가 이루어지고 있다는 것이 이상하게 느껴질 수도 있지만, 무언가에 믿음을 가진 사람들에게는 일반적인 사람들과는 다른 판단 기준이 있는 법이다. 지금 블록체인 관련 암호화폐에 관심을 가지고 투자하는 사람들에게는 본인들만의 확신이 있는 듯 보인다.

디센트럴랜드 이외에도 알려져 있는 가상부동산 판매 서비스들은 꽤 많이 있고, 지금도 서비스를 출시하려고 준비하는 사람들이 줄을 서 있다. 지금의 메타버스 열기 속에는 이상 사회를 향한 열정과 새로운 금광을 찾는 탐욕이 공존하고 있다. 블록체인 기반의 NFT가 디지털 자산과 결합되어 가상세계 자산의 가치를 신뢰할 수 있는 기반이 만들어졌다고 해도, 중요한 것은 메타버스가 인류의 미래에 가치를 만들어 내는 의미 있는 공간으로 자리 잡아야 한다는 점이다. 결국 메타버스라는 가상세계에 의미 있는 가치를 만드는 일은 확신을 가지고 이 게임에 참여하는 사람들의 몫이다. 그들이 뭔가 새롭고 혁신적인 가치를 메타버스에서 만들어 낸다면 세상은 그들에게 엄청난 부를 선물할 것이고, 그들이 그저 한순간의 투기로 메타버스를 바라보고 있는 것이라면 결과는 암울할 수밖에 없다.

4) NFT 거래소 '오픈시OpenSea'

'오픈시OpenSea'는 세계 최대 규모의 NFT 거래소이다. 그리고 세계 최초로 만들어진 NFT 거래소이기도 하다. 2017년 11월 가장 먼저 NFT 콘텐츠로 성공한 크립토키티 게임이 출시되고 인기를 끌자, 디지털 콘텐츠의 거래에 관심을 가지고 있던 젊은 사업가들이 새로운 시장 기회를 포착하고 2017년 12월에 만든 회사가 바로 오픈시이다. 당시에 게임 아이템 등 디지털 콘텐츠 거래가 이미 존재하고 있었는데, 그 거래에서 가장 문제가 되던 것이 거래 쌍방이 서로를 믿을 수 없다는 것이었기에 이를 해결하는 솔루션을 만들면 성공하겠다고 생각해서 회사를 설립했다고 한다. 이 거래소는 그동안 안정적인 거래 시장이 없었던 디지털 아이템 거래 시장에서 믿을 만한 거래 플랫폼이 되었고, 사람들의 호평을 받으며 설립 몇 달 만에 성공적인 거래 실적을 만들어 냈다. 그러고는 3년 만에 비상장 기업으로 1조가 넘는 투자 가치를 인정받으며 유니콘 기업에 등극하는 기염을 토했다. 이러한 오픈시의 성공으로 NFT 거래소에 대한 관심이 폭발했고, 여러 업체들이 각자의 강점을 내세우면서 NFT 거래소 시장을 만들어 경쟁하고 있다.

대부분의 NFT 거래소는 오픈시와 유사한 형태로 가입하고 사용할 수 있기 때문에, 오픈시에서 NFT 작품을 구매하거나 판매하는 방법에 대해 알아보면 그 구조를 어느 정도는 이해할 수가 있다. NFT를 거래하기 위해서 가장 먼저 할 일은 '디지털 지갑'을 만드는 것이다. 디지털 지갑은 기존 은행 계좌와 유사한 개념으로 디지털 자산을 거래하거나 보관할 수 있는 기능을 가진 일종의 저장 공간을 말하는데, NFT 거래소에서 내 암호화폐가 들어가고 나갈 계좌 역할을 해 준다. 가장 많이 쓰는 디지털 지갑으로는 '메타마스크MetaMask'가 있다. 메타마스크로 계좌를 만든 후에는 계좌에 암호화폐를 입금해야 한다. NFT가 이더리움 기반으로 작동하기 때문에 이더리움을 구매하여 자신의 메타마스크 계좌에 넣어 둬야 한다. 여기까지 했으면 이제 준비는 끝이다. 사실 디지털 지갑을 만들고, 암호화폐를 구매하여 입금하는 것도 초보자에게는 상당히 어려운 작업이라 할 수 있지만, 아주 자세히 방법을 소개한 글들이나 영상이 인터넷에 많이 있으니 직접 도전해 보실 분들은 그대로 따라서 해 보면 된다.

이제 '오픈시' 홈페이지(Opensea.io)에 가서 구매를 하거나 자신의 작품을 올려서 판매를 하면 되는데, 홈페이지의 '바이 나우Buy Now'를 누르면 지금 당장 살 수 있는 디지털 콘텐츠들이 나오고, '온 옥션On Auction'을 누르면 경매에 올려진 작품들을 볼 수 있다. 이 중에 자신이 원하는 거래를 하면 되는 것이다. 몇 번의 클릭과 정보 입력으로 바로 구매가 가능하지만, 일종의 수수료인 '가스비'를 내야한다는 것을 알아야 한다. 생각보다 가스비가 많이 나오기 때문에 처음에는 거래를 많이 망설이게 된다. 대부분의 경우, 처음에는 그냥 테스트를 하고자 하는 경우가 많은데 이더리움의 특성상 거래가 성사되면 가스비를 내야만 한다. 어쨌든 오픈시에서 이러한 과정을 거쳐 작품을 구입하게 되면, 이제 여러분은 세상에 하나밖에 없는 디지털 콘텐츠의 소유자가 되는 것이다.

자신의 작품을 판매하는 것은 한 단계 더 해야 할 일이 있다. 바로 '민팅Minting'이라는 과정을 거쳐야 하는 것이다. '민트Mint'는 '주조하다', '발행하다'라는 뜻을 가진 영어 단어로, 특정 작품의 디지털 파일을 NFT 작품으로 변환하는 것을 '민팅'이라 부른다. 이 과정 역시 이더리움상에서 이루어지는 거래로 가스비가 발생한다. 그래서 작품을 구매하지 않고 '민팅'만을 하는 경우에도 역시 디지털 지갑은 꼭 필요하다. 수수료를 내야 하니까. 뭐 혹시 자신의 NFT 작품이 팔린다면 자신의 디지털 지갑으로 암호화폐가 입금되니 그럴 경우를 생각해서라도 디지털 지갑은 무조건 필수품이다. 이더리움의 가스비 문제는 해결이 좀처럼 쉽지 않은 치명적인 약점이라고 할 수 있는데, 그렇다고 이를 없앨 수도 없는 구조적인 문제를 안고 있어서 당분간은 비싼 가스비를 NFT 거래를 할 때마다 지불해야만 한다. 하지만 비싼 가스비도 사람들의 NFT에 대한 장밋빛 환상을 막을 수는 없는 모양이다. 디지털 작품이 판매될 가능성이 너무나 낮은데도, 수많은 작품들이 NFT 거래소로 쏟아져 들어오고 있다. 게다가 민팅 과정은 수수료만 내면 누구나 할 수 있다 보니 원본의 디지털 이미지를 무단 복제하거나 도용한 뒤 NFT로 만들어 시장에서 거래하는 '페이크 민터Fake Minters'들까지 나타나고 있다.

메타버스에 대한 광적인 관심과 암호화폐로 대표되는 블록체인 기술이 만나는 접점에서 만들어진 NFT는 이제 막 폭발하기 시작한 화산처럼 무섭게 성장하며 인재와 자금을 빨아들이고 있다. 누군가에게는 실체가 없는 한순간의 유행처럼 보이는 이 현상이 콘텐츠 산업의 미래를 뒤집어 놓게 될 혁신적인 기술이 될 거라 확신하는 사람들이 있기 때문이다. 메타버스라는 가상세계와 그 가상세계 속의 콘텐츠를 거래할 수 있도록 해 주는 NFT라는 암호화폐는 과연 이 몽상가들이 꿈꾸는 새로운 세상을 만들 수 있을까?

3. 가상경제와 암호화폐

1) 아바타와 가상경제

'메타버스'에서 가장 중요한 개념은 바로 '아바타'이다. 메타버스 안에서 아바타라는 자신의 분신을 통해 무한대의 자유를 누리고자 하는 인간의 욕망으로부터 가상경제는 시작된다. 메타버스의 필수 조건인 아바타가 바로 가상경제체제의 시작인 셈이다. 메타버스에 들어가려는 사용자는 가장 먼저 자신의 분신인 아바타를 만들어야 한다. 아바타는 메타버스 서비스의 기본 옵션이기 때문에, 아바타를 선택하는 것은 대부분의 경우에 무료로 진행할 수 있다. 각각의 메타버스마다 독특한 이미지의 아바타를 사용자가 선택할 수 있도록 해 두고 있는데, 최근에는 인공지능 기술을 활용하여 사용자의 사진 이미지로부터 3D 아바타를 바로 만들어 주는 곳이 늘어나고 있다. 특히 젊은 세대들은 가상세계인 메타버스 속 아바타와 자신을 동일시하는 경향이 강하다. 이들에게 아바타는 단순한 그래픽 이미지 그 이상의 의미다. 아바타를 생성할 때부터 자신을 가장 잘 표현할 수 있는 이상적인 모습으로 만들려고 노력한다. 이러한 이용자들의 욕구 때문에 아바타를 만드는 관련 기술들이 빠르게 발전하고 있다. 물론 가상세계에서 현실의 나와는 전혀 다른 삶을 살고자 하는 사람들이나 현실에서의 나를 가상세계에서는 숨겨야 하는 사람들은 현실세계 자신의 모습과는 전혀 다른 이상적인 외모의 아바타를 원하기도 한다. 그래서 만화 주인공이나 동물의 모습을 한 아바타들도 꽤 많이 존재한다. 메타버스에서는 아바타를 보고 상대방을 인식하기 때문에 아바타의 모습은 가상세계에서의 자신을 대신 표현해 주는 역할을 하고 있어서 메타버스 서비스가 대중화될수록 점차 그 중요성이 커져 갈 것이다. 그래서 앞으로는 아바타의 모습이 매력적이라고 생각되는 메타버스 서비스들이 이용자들에게 더 사랑을 받으며 서비스를 성공적으로 확장해 갈 가능성이 높다. 따라서 관련 기술들의 개발이 더욱 빠르게 이루어질 것이며, 이러한 기술을 보유한 스타트업들이 큰 수익을 올리게 될 것으로 예상된다.

아바타가 만들어지면 본격적인 아바타 꾸미기가 가능해진다. 아바타의 패션을 바꿀 수 있는 의상이나 아이템을 통칭하여 '스킨Skin'이라 부르는데, 아바타를 자신이 원하는 대로 선택하는 것 이외에 다양한 스킨을 통해 아바타를 꾸미는 것도 가상세계 속에서 개성을 표출하는 중요한 방법으로 사용되고 있다. Z세대나 알파세대들에게 아바타는 가상세계에서의 자신이기에 개성을 표현하는 것이 무엇보다도 중요하다. 현실세계의 나를 개성 있게 표현하는 것만큼, 가상세계의 나(아바타)를 다른 아바타들과는 다른 모습으로 돋보이게 하고자 하는 욕구가 높은 것이다. 그런데 아바타 만들기는 무료였지만, 아바타를 더 개성 있게 꾸밀 수 있는 '스킨'의 경우는 대부분 유료로 제공된다. 사실 이 스킨이 게임의 경우에

꽤 쏠쏠한 수익모델이기도 하다. 현재 가장 유력한 메타버스 1순위 후보인 인기 게임 '포트나이트'의 경우에도 아바타의 패션인 스킨이 엄청난 수익을 만들어 주고 있다. 게임 내 자체 통화 '브이벅스'로 가상경제 시스템을 구축하여 1년에 2조 원이 넘는 수익을 벌어들이고 있는 포트나이트 게임은 3억 5천만 명이 넘는 등록 플레이어를 보유하고 있다. 그리고 이들 중 상당수의 사용자들이 스킨을 구입하기 위해 소액 결제로 한 달에 평균 20달러 정도를 지출한다고 한다. 여기에 포트나이트 같은 초대박 게임들은 협찬사들로부터 광고비를 받고 아바타를 위한 패션 제품을 만들어 돈을 버는 구조를 가지고 있다. 게임 이용자들과 광고주 모두에게서 돈을 받는 환상적인 수익 구조를 가지고 있는 것이다. 게임의 자유도가 조금 더 높은 마인크래프트나 로블록스의 경우에는 아바타 패션 아이템이나 스킨을 아예 일반 사용자들이 직접 만들 수 있도록 개방하고 있기도 하다. 마인크래프트의 기본 캐릭터는 다양한 선택이 어렵지만, 스킨을 제작하여 판매하는 개발자들에게 자유로운 제작과 판매를 허용하고 있어 마인크래프트 이용자들의 아바타 꾸미기를 간접적으로 지원하고 있다. 앞서 언급했듯 컴퓨터그래픽 실력이나 개발 능력이 있는 이용자들은 본인이 직접 세상에 하나뿐인 스킨을 제작할 수도 있지만, 대부분의 경우에는 다른 사람이 만들어 놓은 스킨을 구매하여 사용한다. 이런 이유로 외부 개발자들이 만든 다양한 스킨으로 게임 이용자들의 아바타 패션 욕구가 채워지고 있으며, 아바타 스킨의 구매 시장이 꽤 큰 규모로 형성되어 있다. 마인크래프트도 자체 마켓 플레이스에서 독자적인 화폐인 '마인코인'으로 결제를 하는 가상경제 시스템을 보유하고 있다. 로블록스의 아바타는 '레고' 형태로 머리부터 발끝까지 이용자가 마음대로 바꿀 수 있도록 되어 있다. 대부분의 게임 참여자들이 처음엔 무료로 게임을 시작하지만, 곧 자체 화폐인 '로벅스'로 아바타의 스킨을 구매하여 로블록스의 가상경제 시스템의 일원으로 편입된다. 로블록스 가상경제 시스템도 아바타의 스킨이 중요한 역할을 하고 있는 것이다.

게임이라는 가상공간이 메타버스로 진화하면서 사용자들이 아바타를 자신과 동일시하는 현상이 강화되고 있다. 게임 속 아바타의 능력치를 높이는 아이템이나 스킨을 얻기 위해 돈을 쓰는 것을 넘어서, 이제는 아바타의 외모를 멋지게 보이도록 하는 가상 패션 제품에도 아낌없이 돈을 지불하고 있다. 아바타를 위한 투자를 자신을 위한 투자로 여기는 Z세대와 알파세대로 인해, 가상경제 규모가 급격하게 커지고 있고, 새로운 경제 신대륙인 메타버스를 선점하려고 거대 IT 기업들이 치열한 경쟁을 벌이고 있는 것이다. 새로운 세대들에게 가상공간은 이제 더 이상 단순한 전쟁놀이의 게임 공간이 아니며, 그들에게 가상공간은 또 하나의 내가 현실과 연결되어 존재하는 공간이다. 이런 미래세대들의 메타버스 아바타 패션이 바로 가상경제의 시작이다.

2) 가상화폐와 암호화폐

포트나이트의 '브이벅스', 로블록스의 '로벅스', 마인크래프트의 '마인코인' 등과 같이 게임 내에서 통용되고 있는 가상화폐 시스템은 메타버스 가상경제의 기초 인프라라고 할 수 있다. 현실세계처럼 가상공간에서 이용자들 간의 물물교환이라는 경제 활동이 일어나게 될 경우에, 서로가 믿고 사용할 수 있는 가상화폐를 게임 관리자(회사)가 만들어 가상세계에서의 경제 활동이 원활하게 이루어질 수 있도록 하는 시스템을 만드는 것은 거의 모든 게임에서 일반적으로 받아들여지고 있다. 게임 회사 입장에서는 자체적인 가상화폐를 만들어 이용자들이 게임이라는 가상 공간에서는 이것만을 사용하도록 하는 것이 여러 가지 면에서 이득이 된다. 이처럼 가상화폐를 게임 회사가 직접 만들어 사용하도록 하는 것은 이용자들에 대한 서비스 차원뿐 아니라 게임 내 가상경제로 인한 경제적 수익이 엄청나기 때문이기도 하다. 게임을 이용하는 사람들의 수가 천만 명 이상이 되는 대형 게임들은 가상공간의 화폐가 단순한 편의 서비스를 넘어서 하나의 가상경제 공동체를 만드는 기반 인프라로 진화하고 있다. 마치 정부가 화폐를 발행하여 국가를 운영하는 것과 같은 역할까지 게임 회사가 가상공간에서 맡게 되는 상황이 만들어지고 있는 것이다.

사실 화폐라는 것을 어떻게 정의하느냐에 따라, 이미 여러 민간 기업이나 지자체 또는 시민사회단체들도 화폐와 유사한 기능을 수행하는 것들을 만들고 유통시키고는 있다. 그리고 역사적으로도 국가 이외의 주체가 화폐 발행을 한 사례들은 꽤 있었다. 미국은 나라를 독립시킨 이후에 링컨 대통령이 국가 은행법(The National Banking Act)을 제정하여 연방정부가 지폐 발행을 독점하기 전까지는 민간에서 누구나 화폐(종이 증서)를 발행할 수 있었다고 한다. 정부가 만든 금화나 은화의 양이 초기에는 부족하여 민간 은행이나 상인들 그리고 농부들도 일종의 증서 같은 의미의 화폐를 만들어서 유통시켰다는 것이다. 화폐의 기능을 수행하는 증서들이 과거에도 그렇고, 지금도 다양하게 민간에서 발행되어 사용하고 있지만, 게임 회사들이 자신들의 게임 속에서 가상화폐 시스템을 만들고 운영하는 것은 곧 다가올 가상세계를 미리 예측해 볼 수 있게 해 준다는 점에서 다른 사례들과는 품고 있는 잠재력에 차이가 있다고 할 수 있다. 아바타 꾸미기와 같은 미래세대들의 가상세계 쇼핑으로 '가상경제'의 규모가 빠르게 성장하고 있으며, 가상공간에서의 새로운 직업군인 가상 아이템 크리에이터들이 눈에 띄게 늘어나고 있는 것에서 미래 전문가들은 가상경제의 폭발적 성장을 예상하고 있다. 그동안 그저 게임 속 아이템을 사고파는 '게임 머니'로 여겨졌던 '가상화폐'들이 미래 사회 '가상경제' 시스템의 기본 인프라로 역할을 하게 될 거라는 점에서 전문가들의 관심을 받고 있는 것이다. 그리고 여기에 블록체인 기술을 기반으로 하는 암호화폐가 결합되면서 시장에서의 기대감은 폭발하고 있다.

암호화폐Cryptocurrency는 '암호화'라는 뜻을 가진 'crypto'와 통화, 화폐라는 뜻을 가진 'currency'의 합성어이다. 암호화폐가 현실 사회에서의 적용에 여러 가지 난제들을 가지고 있고, 이런 문제들은 해결하는 것에 너무나 오랜 시간과 많은 투자가 필요하기 때문에 가상세계에 암호화폐를 적용해 보려는 시도들이 끊임없이 이어지고 있다. 가상세계에서는 여러 번의 시행착오를 마음껏 할 수 있기 때문에 '디지털 트윈Digital Twin' 처럼 현실에서 직접 실행하기 어려운 실험들을 가상공간에서 시도해 보려는 움직임이 암호화폐에서 많이 나타나고 있는 것이다. 앞에서 얘기했던 디센트럴랜드가 대표적인 사례라 하겠다. 디센트럴랜드 외에도 수많은 암호화폐 관련 프로젝트들이 게임과의 결합으로 새로운 실험에 도전하고 있으며, 이런 시도들이 암호화폐에 대한 장밋빛 전망과 뒤섞이면서 묻지마 투기 양상을 띠는 것들도 다수 존재하고 있어 우려를 사고 있기도 하다. 하지만 이런 우려에도 불구하고 가상세계 플랫폼의 최전선에 있는 게임사들과 암호화폐와의 결합은 이미 돌이킬 수 없는 시대의 흐름이 되어 가고 있는 상황이다. 국내 유명 게임사들도 이미 암호화폐 거래소에 상당한 규모의 투자를 하고 있다.

그렇다면 메타버스 관련 서비스 플랫폼들과 암호화폐와의 결합은 앞으로 어떠한 방향으로 진화하게 될까? 우리는 그 질문에 대한 해답을 페이스북의 암호화폐에서 찾을 수 있을 듯하다. 페이스북은 2019년 6월, '리브라Libra'라는 이름의 암호화폐를 만들겠다고 선언하면서 세상을 흔들었다. 20억 명이 넘는 전 세계 사용자를 보유하고 있는 페이스북이 자체 암호화폐를 만든다는 것은 정말 엄청난 사건이었다. 우리가 현재 네이버페이나 카카오페이를 쓰고 있는 것처럼, 페이스북이 만든 암호화폐를 이용하여 사용자 누구나 국경이라는 장벽 없이 누구와도 돈을 주고받을 수 있다는 것은 전 세계 금융 시장을 흔드는 일이었으며, 우리의 경제 시스템을 혁신적으로 변혁시키는 충격이었던 것이다. 하지만 페이스북의 이런 야심 찬 계획은 실제로 이루어지지는 않았다. 금융체제에서 소외되어 있는 수많은 사람들에게 IT 기술을 이용하여 혜택을 주는 일이라는 명분을 가지고 있었음에도 기존 시스템의 강력한 반대를 해결할 수가 없었던 것이다. 페이스북이라는 독점에 가까운 시장을 가진 기업에 대한 거부감과 두려움이 '리브라' 프로젝트를 좌초시켜 버린 것이다. 결국 페이스북은 성급하게 추진하던 기존의 야심 찬 계획을 수정하여 조금 더 현실적이고 체제 순응적인 수준의 계획으로 변경을 한다. '리브라'라는 이름을 '디엠Diem'으로 바꾸고, 전 세계 모든 통화와 연동되어 사용 가능하게 하려던 계획에서 미국 달러와의 연동으로만 사용 가능한 암호화폐로 변경한 것이다.

'디엠'은 미국 달러와 가치가 연동되어 움직이는 '스테이블 코인 Stable Coin'이다. '스테이블 코인'은 비트코인 같은 기존 암호화폐가 결제 수단으로 사용되기에 큰 장애물이었던 가격 변동성을 최소화하도록 설계된 암호화폐다. 보통 1코인이 1달러의 가치를 갖도록 설계된다. 이미 시장에는 꽤 많은 '스테이블 코인'들이 유통되고 있으며, 암호화폐가 안정성을 확보하는 중요한 수단으로 여겨지고 있다. 이처럼 페이스북이 기존의 야심 찬 계획을 축소하여 '디엠' 프로젝트를 진행하고 있지만, 페이스북의 암호화폐 발행이 성공하게 될 것인지는 아직도 미지수이다. 여전히 금융 당국과 정치권은 페이스북의 암호화폐가 20억 명이 넘는 사용자들로 인해 생각하지 못한 일들을 만들어 내며 사회 안정을 해칠 가능성이 있다고 우려하고 있다. 독점 기업인 페이스북에 엄청난 혜택이 될 수도 있는 암호화폐 발행은 사실 신중할 수밖에 없는 일이기도 하다. 만약 이러한 사람들의 우려에도 불구하고 페이스북의 암호화폐가 발행된다면, 전 세계 금융 시장에 엄청난 혁신의 바람이 불게 될 것이다. 또한 메타버스 서비스를 지향하는 모든 플랫폼들이 자체 암호화폐 발행에 나서게 될 수도 있을 것이다.

포트나이트, 로블록스, 마인크래프트 등의 게임들이 자체 가상화폐를 가지고 독립적인 내부의 가상경제 시스템을 보유하고 있음에도 불구하고 암호화폐라는 최근의 유행 흐름을 따르고 있지 않는 것은 페이스북의 암호화폐 프로젝트가 겪고 있는 장애물들을 당장은 해결할 방법이 없기 때문이다. 아무래도 이미 기존에 몇억 명이 넘는 사용자를 보유하고 있는 기업들의 서비스들은 굳이 먼저 자신이 이런 어려운 문제를 해결하고자 나서지는 않을 것으로 보인다. 결국은 몸이 가벼워 규제 당국과의 마찰이나 사람들의 우려에도 사업을 추진할 수 있는 스타트업들이 암호화폐 관련 사업에 적극적일 수밖에는 없다. 그런 면에서 거대 기업인 페이스북이 암호화폐 프로젝트를 전면에 나서서 추진하고 있는 것은 페이스북이 메타버스에 진정성을 가지고 있다는 것을 보여 주는 단면이라고 하겠다. 그와 함께 미래 인터넷 시장에서의 불안감 또한 페이스북이 상당히 높다는 것을 보여 주는 것일 수도 있다.

4. 버추얼 휴먼

1) 버추얼 스타에서 버추얼 휴먼으로

Z세대와 알파세대는 태어나면서부터 인터넷을 자연스럽게 접한 최초의 세대로, '스마트폰과 인공지능 스피커'라는 기계와의 소통을 통해 유아기 사회화 과정을 보냈다. 그래서 그들은 가상공간인 메타버스도 현실세계의 일부분처럼 자연스럽게 받아들이며, 버추얼 스타Virtual Star에 대해서도 거부감이 적은 편이다. 그들에게는 실제 사람이냐의 여부보다 자신과 감정을 교류할 수 있는지가 더 중요한 사항이다. 사이버 가수 '아담'부터 시작된 '버추얼 스타'의 진화는 최근 메타버스에 대한 폭발적인 관심과 함께 인공지능 기술이 결합된 '버추얼 휴먼'으로 이어지고 있다.

사이버 가수 아담은 1998년 데뷔하여 음반 판매량이 20만 장을 넘는 기대 이상의 큰 성공을 만들어 냈다. 하지만 벌어들이는 수익에 비해 사이버 가수 운영에 들어가는 돈이 너무 많이 들었고, 당시의 기술로는 '불쾌한 골짜기Uncanny Valley'를 해결하지 못하여 반짝 관심을 뒤로하고 사라지는 운명을 맞이했다. 그러고는 '키즈나 아이'라는 버추얼 유튜버와 'K/DA'라는 버추얼 아이돌 그룹처럼 만화 캐릭터 이미지의 버추얼 스타가 등장하여 사랑을 받았다.

그러다가 최근 사람의 외모와 거의 똑같은 수준으로 가상 캐릭터 창작이 가능해지면서 '버추얼 인플루언서Virtual influencer' 시대가 열리게 된다. 가장 유명한 '버추얼 인플루언서'는 300만 명이 넘는 인스타그램 팔로워를 가진 '릴 미켈라Lil Miquela'로 샤넬, 프라다 등과 협업하고 보그VOGUE의 커버를 장식하는 등 인기 모델로서 활발히 활동하고 있으며, 여기에 음악 활동도 겸하고 있어 전 세계적으로 큰 인기를 얻고 있다. 지금은 '버추얼 인플루언서'에 인공지능 기술이 결합되면서 '버추얼 휴먼'으로 진화하고 있는 과정이다. 대표적인 사례는 LG전자가 2021년 CES에서 선보인 '버추얼 휴먼, 김래아Reah Keem'로, 7만 건에 달하는 모션 캡처 작업을 통해 실제 인간의 표정과 움직임을 자연스럽게 표현하도록 하였고, 인공지능 딥러닝 기술을 이용해 목소리를 만들고 자연스럽게 말을 할 수 있도록 개발되었다. '버추얼 스타'는 이제 우리 인류와 함께 더불어 살아가는 '버추얼 휴먼'으로 진화하고 있다. 그저 신기하기만 했던 버추얼 스타가 어떠한 진화 과정을 거쳐 '버추얼 휴먼'으로 우리 생활 속에 깊숙이 자리 잡게 되었는지 하나하나 살펴보자.

릴 미켈라
인스타그램

2) 사이버 가수 그리고 '불쾌한 골짜기Uncanny Valley'

1972년 최초로 대중적인 성공을 거둔 비디오 게임인 '퐁PONG'의 등장과 함께 빠르게 성장한 컴퓨터 게임은 젊은 세대들에게 큰 영향을 미치며 엄청난 시장을 만들어 갔다. 이런 게임의 인기와 빠른 성장은 가상 세계와 가상 캐릭터에 대한 친근감을 높여 주었고, 게임 속 가상 캐릭터에 익숙해진 젊은 콘텐츠 소비자들의 등장으로 인해 가상의 게임 캐릭터들이 엔터테인먼트 영역으로 진출할 수 있는 환경이 만들어지게 된다.

이런 환경 속에서, 지금의 메타버스 개념이 나오기도 훨씬 전인 1990년대에 이미 '사이버 가수'라는 창작된 디지털 인간이 등장했다. 사실 최초로 등장한 사이버 가수는 1996년 일본에서 발표된 '다테 쿄코'라는 가상 캐릭터이다. 일본의 대형 연예 기획사에서 당시로서는 과감하게 많은 인력을 투입하여 3D 캐릭터의 사이버 가수를 만들고 음반도 발표했지만, 대중들의 관심을 받는 것에는 실패하고 말았다. 그리고 2년 뒤, 1998년 한국에서 발표한 사이버 가수 '아담'은 상업적으로도 큰 성공을 거두었고 새로운 형태의 스타 산업으로 관심을 불러일으키게 된다. 세기말이라는 당시의 상황과 새로운 것을 빠르게 받아들이는 한국의 문화가 사이버 가수라는 혁신적인 시도를 긍정적으로 흡수한 것이다. 컴퓨터 그래픽으로 만들어진 버추얼 캐릭터인 사이버 가수의 목소리는 실제 사람이 노래를 하거나 사람의 목소리를 프로그램으로 합성해서 발표되었기 때문에, 사실 사람이 가면을 쓰고 노래를 부르는 것과 유사하게 생각될 수도 있었지만 사람들은 사이버 가수를 하나의 독립된 인격체로 받아들이며 좋아했다. 사이버 가수의 노래를 즐기고 가상 캐릭터를 좋아하는

'아담'의 팬들에게 사이버 가수 아담은 세상에 실제로 존재하는 독립된 인격의 사람처럼 인식되었던 것이다.

한국의 사이버 가수 아담은 1998년 1집 타이틀곡 '세상엔 없는 사랑'으로 데뷔하면서 큰 관심을 끌었고, 음반 판매량이 20만 장을 넘어 기대 이상의 큰 성공을 만들어 냈다. 그리고 이런 인기에 힘입어 1998년 프랑스 월드컵 응원가도 발매하였고, '레모니아'라는 음료의 광고 모델로도 발탁되는 등 사업적으로 성공적인 모습을 보여 주었다. 이처럼 사이버 가수가 대중들에게 사랑을 받게 되자, 유사한 가상 캐릭터들이 여럿 나타나면서 가상 캐릭터가 스타 비즈니스의 새로운 형태로 자리를 잡는 것처럼 보이기도 했으며, 최초의 사이버 가수인 일본의 '다테 쿄코'가 한국 시장에 진출하여 음반을 내고 활동하기도 했었다. 하지만 사이버 가수 아담의 2집이 예상 외의 저조한 흥행을 기록하면서 이 새로운 가상 캐릭터 사업에 대한 관심은 금세 사라져 버렸고, 다른 사이버 캐릭터들도 하나둘 잊혀 갔다.

그렇다면 혜성처럼 나타나 큰 인기를 누리던 사이버 가수는 왜 이렇게 잠깐 동안만 사랑을 받다가 사라져 버렸을까? 그 원인을 보통은 두 가지로 보고 있다.

첫 번째는 사업성의 부족이다. 그 당시 사이버 가수의 운용은 많은 고급 인력이 필요한 첨단 기술이었다. 방송에 한 번 출연하여 잠깐 동안 말하는 것을 구현하려면 제작비가 수천만 원에서 억 단위가 들어갔기 때문에 사업성이 맞지 않았던 것이다. 초기에는 관심을 끌 수 있었지만, 벌어들이는 수익에 비해 사이버 가수 운영에 들어가는 돈이 너무 많이 든 것이다. 지금은 컴퓨터그래픽 기술이 발전하여 사이버 가수 '아담' 정도의 캐릭터를 제작하고 운영하는 것이 그렇게까지는 많은 자금이 필요하지는 않지만 당시의 기술로는 사이버 캐릭터 운영이라는 것이 상당히 어려운 작업이었다.

두 번째는 바로 '불쾌한 골짜기'문제다. '불쾌한 골짜기'는 1970년 일본의 로봇공학자 모리 마사히로에 의해 주장된 이론으로, 인간과 비슷하게 만든 캐릭터는 거의 구별이 되지 않는 수준으로 만들어지지 않는다면 사람들에게 불쾌감을 주게 된다는 것을 얘기한다. 만화 이미지나 동물을 의인화한 캐릭터들은 큰 거부감 없이 사람들에게 받아들여지지만, 인간의 모습과 유사한 캐릭터의 경우에는 작은 문제점도 사람들에게 상당히 격렬한 거부감을 만들어 내는 것을 실제로 관찰할 수 있다고 한다. 그 당시 기술로는 가장 인간과 비슷하게 만들어진 이미지였지만, '사이버 가수'의 외모가 사람들에게는 어딘가 어색하고 불편하게 보여졌기 때문에 오랜 기간 호감을 얻어 내는 것에는 실패를 한 것이다. 결국 사이버 가수는 사업성과 불편한 골짜기 문제로 초기의 반짝 관심을 뒤로하고 사라지는 운명을 맞이하게 되었던 것이다.

3) 버추얼 유튜버

만화 왕국 일본에서는 만화 속 주인공의 이미지를 마치 살아 있는 스타처럼 좋아하는 많은 팬들이 존재하였고, 이들의 열성적인 팬심은 만화 캐릭터 스타들을 만들어 내기도 했다. 이런 문화적 배경이 있어서인지 유튜브 1인 방송에서 버추얼 캐릭터를 활용하는 '버추얼 유튜버'는 일본에서 가장 먼저 시작되었다. 세계 최초로 '버추얼 유튜버'라는 개념을 표방하며 활동을 시작한 것은 '키즈나 아이Kizuna AI'다.

키즈나 아이는 인공지능이라는 콘셉트를 내세우고 있지만 실제로는 사람이 더빙하여 제작한 버추얼 캐릭터이다. 그런데도 마치 독립된 인격체처럼 영상 소비자들에게 받아들여졌고, 유튜브 1인 방송 채널의 진행자가 사람이 아니라 만화 캐릭터라는 점이 독창적이고 흥미롭다고 여겨져 큰 인기를 끌었다. 키즈나 아이가 크게 관심을 받자 유사한 버추얼 유튜버들이 많이 등장했고 지금은 말 그대로 레드오션이 되어 버렸지만, 버추얼 캐릭터를 활용한 콘텐츠 제작을 대중화했다는 점에서는 아주 의미 있는 출발점이었다고 하겠다. 이 버추얼 유튜버는 앞에서 설명

키즈나 아이
유튜브 채널

버추얼 유튜버 키즈나 아이(출처: © Kizuna AI, SCP Foundation.)

한 사이버 가수의 단점을 어느 정도 해결한 콘텐츠라고 할 수 있다. 가상 캐릭터를 구현할 때 돈이 많이 든다는 단점은 만화 캐릭터가 되면서 어느 정도 해결되어, 큰 자본이 없는 개인 유튜버들도 버추얼 유튜버로 활동할 수 있게 되었다. 가상 캐릭터로 영상을 미리 만들어야만 했던 90년대와는 달리 실제 사람과 가상 캐릭터의 움직임을 일치시킬 수 있는 모션 캡처 기술의 대중화로 제작이 훨씬 수월해진 것이다. 그리고 과거에는 사이버 가수가 활동할 수 있는 무대가 방송 이외에는 없었는데, 인터넷 문화가 발달하면서 팬들과 소통할 수 있는 접점이 늘어난 것도 상업적인 성공의 큰 요인 중 하나라고 할 수 있다. 게다가 사람과 유사한 외모로 창작된 사이버 가수에 비해, 버추얼 유튜버들은 만화적인 이미지의 캐릭터로 개발이 되었기 때문에 불쾌한 골짜기 현상도 발생하지 않았다.

국내 최초 버추얼 유튜버 이름은 '세아'로 키즈나 아이보다 2년 뒤인 2018년 게임사인 스마일게이트에서 선보였다. 게임사에서 출시한 신규 게임을 홍보하기 위한 전략으로 시작된 이 버추얼 유튜버는 좋은 반응을 얻게 되자 독립적인 캐릭터로 자리를 잡았고 지금까지도 꾸준히 콘텐츠를 업데이트하고 있다. 그 뒤를 이어 '초이', '아뽀키', '맥큐뭅' 등 많은 국내 버추얼 유튜버들이 쏟아져 나오며 국내 유튜브 시장에도 버추얼 캐릭터들의 각축전이 벌어졌다.

버추얼 유튜버 시스템은 모션 캡처 등 고가의 장비를 사용하는 것부터 웹캠만으로 만드는 방송까지 아주 다양하게 존재한다. 당연히 고가 장비를 사용하면 표현력도 풍부해지고 시청자가 보기에 좋은 영상을 만들 수 있지만 일반 사용자들이 도전하기에는 너무 큰 투자가 필요하여 쉽지가 않은 것이 사실이다. 그래서 저가의 장비로 표정 변화 정도만을 구현하는 방송을 하는 경우가 훨씬 많다. 누구나 쉽게 저가 시스템으로 버추얼 유튜버에 도전할 수는 있지만, 이제는 버추얼 유튜버도 경쟁이 치열해져서 살아남기가 어려운 환경이기는 하다. 물론 그 가운데에서도 창의적인 아이디어로 좋은 콘텐츠를 만들고 있는 버추얼 유튜버들도 있어 앞으로의 가능성은 열려 있다고 봐야 할 것이다.

코드 미코
유튜브 채널

최근에 큰 관심을 받았던 버추얼 유튜버로는 미국에서 활동하는 한국인 버추얼 유튜버 '코드 미코CodeMiko'가 있다. 모션 캡처 의상을 입고, 얼굴 표정은 페이스 캡처 기능이 있는 아이폰의 앱을 사용하여 아주 흥미로운 이야기들을 하고 있어 미국 등 외국 유튜브 시청자들에게 큰 인기를 끌고 있다.

버추얼 유튜버 코드 미코

4) 버추얼 아이돌

버추얼 유튜버의 대중화로 가상 캐릭터에 대한 관심이 늘어나자 자연스럽게 스타를 발굴하는 대형 기획사들도 이러한 분위기를 활용하려는 여러 가지 시도를 하게 되었다. '사이버 가수'라는 획기적인 시도의 실패에서 배운 노하우를 바탕으로 그들은 사람을 닮은 가상 캐릭터를 만들기보다는 만화나 게임 캐릭터를 스타와 접목하는 모습을 보였다.

'K/DA'는 '리그 오브 레전드(LoL)' 게임 안에 존재하는 캐릭터인 아리, 아칼리, 카이사, 이블린을 LoL의 개발 및 유통사인 라이엇 게임즈가 걸 그룹으로 재탄생시킨 버추얼 아이돌이다. 미국의 가수 '매디슨 비어Madison Beer', '자이라 번스Jaira Burns', 그리고 한국의 걸 그룹 '(여자)아이들' 멤버 미연과 소연이 이 가상 캐릭터 그룹의 진짜 목소리 주인공이다. (현재는 중국 멤버가 참여하여 5인조 그룹이 되었다.)

한국의 인천에서 열린 2018 '리그 오브 레전드 월드 챔피언십(롤드컵)' 결승전 개막식 무대에서 신곡 'POP/STARS'를 공연하면서 첫선을 보인 이 버추얼 아이돌은 K팝 아이돌 그룹 스타일의 음악과 패션으로 지금까지도 성공적인 모습을 보이고 있다. 화제가 됐던 첫 데뷔 공연에서는 AR(증강현실) 기술을 통해 현장에 마련된 모니터로 진짜 가수 멤버와 함께 가상 캐릭터가 등장해 현실세계 사람과 가상세계 아바타의 '합동공연'을 보여 주어 새로운 공연 콘텐츠를 만들어 냈다고 호평을 받기도 했다. 세계적인 음악 전문지 빌보드가 공식 트위터 계정에서 "리그 오브 레전드에서 가상의 K-POP 걸 그룹인 K/DA를 공개하여, e스포츠 음악의 미래를 알렸다"라는 글을 올릴 정도로 K/DA는 큰 관심을 받았다.

K/DA
유튜브 채널

게임 캐릭터들로 구성된 아이돌이라는 독특한 콘셉트로 게임 마니아들을 겨냥해서 만들어진 이 버추얼 아이돌은 그 누구도 예상하지 못한 큰 성공을 거두었고, 게임을 하지 않는 일반 음악 애호가들에게도 사랑받는 스타가 되었다. 일본의 보컬로이드 버추얼 가수 '하츠네 미쿠'의 사례가 있기는 하지만, 전 세계적으로 '버추얼 아이돌'이라는 가상 캐릭터 그룹이 현실의 아이돌 스타만큼의 인기를 확보할 수도 있다는 것을 보여 준 혁신적인 사례라 하겠다.

네이버의 '제페토'의 경우에는 조금은 다른 방식으로 버추얼 아이돌을 활용하고 있다. 네이버는 동영상 서비스의 경우에도 일반 사용자들의 참여보다 연예인들의 라이브 영상을 중요 마케팅 포인트로 여기는 전략을 사용했었는데, 제페토에서도 스타들의 아바타를 활용한 홍보를 중요시하고 있는 듯하다. 이미 현실세계에서 큰 인기를 얻고 있는 K-POP 스타들의 아바타를 제페토 서비스 안에 구현하고 이들을 통해 가입자 유치를 확대하는 전략을 사용하고 있는 것이다.

인기 K-POP 걸 그룹 '블랙핑크'의 가상 팬 사인회가 대표적인 사례라 할 수 있다. 이 가상공간 속 팬 사인회는 전 세계 4천만 명이 넘는 아바타들이 이곳을 방문하면서 큰 성공을 거두었다. 자신의 아바타와 블랙핑크 멤버의 아바타가 가상공간에서 만나서 '셀카'를 찍고 사인을 받을 수도 있는 서비스를 팬들은 마치 자신이 직접 블랙핑크 멤버들과 소통하는 것처럼 받아들였기 때문이라 하겠다.

그 뒤로 제페토를 서비스하는 네이버제트는 BTS 소속사인 하이브 엔터테인먼트와 블랙핑크 소속사인 YG 엔터테인먼트 그리고 트와이스의 소속사인 JYP 엔터테인먼트로부터 총 170억 원 규모의 투자를 유치하기도 했다. 제페토를 이용한 가상 캐릭터 사업이 스타들과 팬들의 접점을 새롭게 만들어 내고 있다고 판단을 하고 있는 것이다. 이는 코로나로 인해 직접적인 대면이 어려운 상황에서 스타의 아바타를 가상공간에서 만나는 것을 자연스럽게 받아들이는 미래세대들에게 제페토가 의미 있는 플랫폼으로 자리를 잡았다고 보기 때문일 것이다.

5) 버추얼 인플루언서

인공지능 알고리즘의 발달로 이제 우리는 불쾌한 골짜기 문제를 거의 해결할 수 있는 방법을 손에 넣게 되었다. GAN(생성적 적대 신경망, Generative Adversarial Networks)이라 불리는 인공지능 알고리즘은 세상에 존재하지 않는 것을 마치 이 세상에 있는 것과 거의 똑같이 창작해 낼 수 있다. 이 인공지능 기술은 사물이나 동물 등을 원하는 모습으로 만들어 내는 것도 가능하지만 세상에 없는 사람의 이미지를 만들어 낼 수도 있다. 'ThisPersonDoesNotExist.com'이라는 사이트에서는 누구나 진짜 같은 가짜 사람 이미지를 만드는 경험을 해 볼 수 있다. 이 사이트에서 볼 수 있는 사람들의 얼굴 이미지는 실제로 존재하는 사람 같지만, 인공지능이 만들어 낸 가공의 이미지다. 이러한 이미지 창작 기술의 발전은 그동안 만화 캐릭터를 주로 사용해 왔던 가상 캐릭터 분야에 새로운 변화를 가져오게 된다. 사람들이 많이 사용하는 SNS 서비스에 계정을 만들어 가상의 캐릭터 이미지를 올리며 다른 사람들과 소통하는 새로운 가상인간들을 만들어 내게 되는 것이다. 그들이 바로 '버추얼 인플루언서'다. 창작된 가공의 이미지이지만, 이들은 많은 사람들에게 특정 제품이나 브랜드의 구매 유도가 가능하기 때문에, 다양한 분야에서 활발한 활동을 펼치고 있기도 하다.

가장 유명한 '버추얼 인플루언서'는 300만 명이 넘는 많은 팔로워 수를 가진 '릴 미켈라'다. 미국의 스타트업 '브러드Brud'에서 2016년 발표한 가상 모델 겸 뮤지션으로, 그녀는 브라질계 미국인 여성이며 로스앤젤레스 출신으로 설정되어 있다. 앞서 얘기했듯 그녀는 샤넬, 프라다 등과 같은 명품 브랜드와 협업하고 있으며, 보그의 커버를 장식하는 인기 모델로서 활발한 활동을 하고 있는 유명인이다. 여기에 싱글 앨범 'Not Mine'으로 영국 스포티파이에서 8위를 기록하면서 음악 비즈니스로 큰돈을 벌고 있기도 하다. 가상 캐릭터인 그녀의 인스타그램에 광고 포스팅 단가가 약 8,500달러(약 1,000만 원 정도)라고 하니, 그 인기와 상업적 가치를 미루어 짐작할 수 있겠다.

이웃 일본에서는 이케아 도쿄 매장의 모델로 활동한 버추얼 인플루언서 '이마Imma'가 화제를 모았다. 도쿄 하라주쿠에 있는 이케아 전시장에서 3일 동안 먹고 자며 요가와 청소 등의 일상 영상을 공개하여 마케팅을 진행한 것이 많은 관심을 받았다. 그녀의 팔로워 수는 약 33만 명으로, 한 해에 벌어들이는 수익이 7억 원 정도라고 한다.

국내에서 발표된 최초의 버추얼 인플루언서는 '로지rozy'다. 2020년 8월부터 인스타그램 계정을 만들고 게시물을 올렸는데, 그해 연말 자신이 버추얼 인플루언서라고 깜짝 발표를 해서 관심을 끌었다. 2021년 현재 10만 명 정도의 팔로워를 보유하며 활동 중으로, 최근 TV 광고 출연으로 인지도가 많이 높아졌다.

진짜 사람의 모습과 거의 흡사한 가상 캐릭터를 창작하는 것이 가능해지고, 이를 운용하는 것에 큰 자본이나 인력 투입이 필요 없다는 점이 이러한 버추얼 인플루언서들이 지속적인 활동을 할 수 있는 환경을 조성해 주고 있다. 게다가 기존 연예인과 인간 인플루언서들과는 다르게 이들은 시공간의 제약으로부터 자유롭고, 인간이 가진 문제점인 다양한 사생활 문제가 없다는 점에서 패션이나 모델 업계 관계자들로부터 호응을 얻고 있다고 한다. 인기가 많은 스타를 광고 모델로 기용했다가 사생활 문제로 큰 손해를 보는 위험이 전혀 발생하지 않는다는 점이 매력적이라는 것이다. 그렇지만 실제 인간 스타들이 가상 캐릭터들과 경쟁해야 하고, 비교 대상이 되는 것을 우려하는 목소리도 많이 있는 건 사실이다. 인간이 만든 버추얼 캐릭터가 인간의 일을 대체하고 경쟁 상대가 되는 것이 바람직한가에 대한 고민이 필요해 보인다.

로지
인스타그램

6) 버추얼 휴먼

LG전자가 2021년 1월 미국에서 열린 'CES(국제전자제품박람회) 2021' 개막 당시 선보인 온라인 컨퍼런스는 많은 관계자들의 관심을 사로잡았다. 단발의 검은 머리에 핑크색 후드티를 입고 짧게 자기소개를 한 후,

LG전자의 신제품을 영어로 소개한 프리젠터 때문이었는데, 그녀는 '22세 여성 싱어송라이터'라고 설정된 '버추얼 휴먼' 김래아였다.

LG전자가 2020년 5월부터 준비한 이 가상인간은 처음에는 인스타그램에 계정을 만들어 활동하는 다른 버추얼 인플루언서들과 유사한 모습을 보였다. 하지만 기존의 버추얼 인플루언서들과 다르게 7만 건에 달하는 모션 캡처 작업을 통해 실제 인간의 표정과 움직임을 가능하도록 하였고, 딥러닝 기술을 이용해 목소리를 만들어 자연스럽게 말을 할 수 있도록 개발되었다. 기존의 '버추얼 인플루언서'에 스스로 말하고 행동하는 것이 가능하도록 인공지능 기술이 접목된 것이다.

LG전자가 김래아라는 버추얼 휴먼으로 2021년 CES에서 주목을 받았지만, 사실 삼성전자는 1년 앞선 'CES 2020'에서 '인공인간Artificial Human'이라는 개념을 가진 '네온NEON'이라는 이름의 버추얼 휴먼을 선보였다. '네온'은 특정 성별이나 인종, 연령 등 정해진 '페르소나'가 없이 다양한 인종과 성별로 이루어진 여러 인간의 모습을 가지고 있다. 이들은 하나의 독립된 인격을 가진 가상의 인간이 아니라, 인간을 닮은 로봇 같은 일종의 가상 비서로서의 모습을 보이고 있는 것이다. 삼성이 버추얼 휴먼인 '네온'을 활용하려는 계획을 살펴보면 이러한 경향을 확인할 수 있다. 신한은행과는 인공인간 '네온'을 영업 현장의 고객 상담 전담 행원으로 활용하겠다고 하고, CJ와는 쇼핑 호스트 등으로 활용 방안을 구상하고 있다고 한다.

김래아
인스타그램

인간을 닮은 이미지로 사진이나 영상 콘텐츠를 통해 소통하던 버추얼 인플루언서들과는 달리, 버추얼 휴먼은 인공지능 기술을 접목하여 움직이고, 말하며, 상호작용하는 것 등이 가능하다. 인간과 비슷한 수준의 상호작용을 자율적으로 할 수 있을 정도로 발전되어 있는 것이다. 그래서 그동안 패션이나 음악 분야에서만 주로 활용되던 가상인간이 버추얼 휴먼 이후로는 거의 모든 분야에 적용될 수 있으리라는 기대감이 있다. 가까운 미래에 큰 부가가치를 만들어 낼 사업으로 예측되면서 전 세계의 최고 기업들이 막대한 자금을 투입하며 기술을 선점하기에 나서고 있는 것이다.

여기에 버추얼 휴먼 제작 기술이 대중화되는 경향도 나타나고 있다. 엄청난 자금력을 가진 대기업들만 버추얼 휴먼을 만들 수 있는 것이 아니라는 얘기다. '유니티'와 '언리얼 엔진' 등 게임 제작 도구인 게임 엔진으로 인해 누구나 일정 수준의 교육만 받으면 '버추얼 휴먼'을 만들 수 있는 대중화 시대가 만들어지고 있는 중이다. 유니티 게임 엔진으로 개발된 버추얼 휴먼 '수아SUA'는 2020년 6월 공개되어, 유니티의 실제 광고 모델로 쓰일 만큼 인간과 흡사한 모습을 보여 주어 큰 관심을 모았으며, 경쟁 관계인 언리얼 엔진을 소유한 '에픽게임즈'는 한걸음 더 나아가 디지털 휴먼 제작 툴인 '메타 휴먼 크리에이터Meta Human Creator'를 발표하기도 했다. 메타 휴먼 크리에이터는 누구나 간편하게 디지털 휴먼을 만들 수 있는 '제작 도구'로서, 다양한 인간의 피부, 체형, 헤어 스타일, 골격 정보가 저장돼 있어 이를 사용하는 그래픽 디자이너들이 원하는 모습의 버추얼 휴먼을 자유롭게 창작할 수가 있다고 한다. 이제 가까운 미래에 우리는 스스로 인간과 소통하는, 인간을 닮은 '버추얼 휴먼'을 일상 생활 속에서 마주하게 될 것이다.

5. 버추얼 휴먼 시대를 준비하자

1) 미래세대와 버추얼 휴먼

Z세대와 알파세대로 대표되는 미래세대들에게 버추얼 휴먼은 소통이 가능한 새로운 인연으로 다가간다. 그들에게는 실제 사람이냐의 여부보다 자신과 감정을 교류할 수 있는지가 더 중요한 부분이다. 그 때문에 AI 기술로 사람과 같은 인격체를 부여받은 가상 캐릭터에 대해서 이질감을 느끼지 않는 편이다. 최근 큰 인기를 누리고 있는 K-POP 그룹 '에스파aespa'는 현실세계의 멤버들이 가상세계 아바타와 짝을 이루어 존재하고 있다는 다소 파격적인 세계관을 가지고 활동하고 있다. 기성세대라면 고개를 갸우뚱할 이러한 세계관에 대해 우리의 미래세대들은 그리 어색해하지 않는다. 그런 세계도 있을 수 있다고 받아들여 주는 것이다. 그리고 TV 화면의 광고에 버추얼 인플루언서인 '로지'가 나와 특정 회사를 홍보해도 그런 메시지를 편견 없이 수용하고 있다. 오히려 이러한 가상세계 세계관이나 버추얼 휴먼과의 소통에 대해 미래지향적이고 흥미롭다고 좋은 이미지를 부여하기도 한다.

지금 많은 기업들이 거액의 돈을 투자하며 가상인간의 개발에 심혈을 기울이고 있는 것은 바로 이 미래세대들이 든든한 소비자가 되어 줄 거라는 확신이 있기 때문이다. 아직은 초기 시장이지만, 버추얼 휴먼의 가능성은 무궁무진하다고 예측되고 있다. 대화가 가능한 가상 비서나

독거노인의 말벗이 되어 줄 가상 도우미, 그리고 누군가 대화가 필요할 때 항상 곁을 지켜 주는 가상 친구 등 언제나 인간 곁에 머물며 좋은 관계를 유지해 주는 파트너로서, 우리의 미래를 윤택하게 해 줄 거라는 장밋빛 전망이 가득하다. 그리고 여기에 더해서 엄청난 부를 만들어 줄 새로운 분야라는 기대감도 함께 가지고 있는 것이다. 하지만 단순히 완벽한 버추얼 휴먼을 개발하는 것만으로 우리가 생각하는 아름다운 미래가 만들어지지는 않는다. 인공지능 기술로 가상의 캐릭터에 인격체가 부여되는 것은 너무나도 위험한 요소들도 함께 가지고 있다는 것을 명심해야 한다.

2) 버추얼 휴먼 시대의 선결과제

'AI 음악 프로젝트 다시 한번'이라는 프로그램에서는 인공지능 기술을 이용해 그룹 거북이의 멤버였던 '터틀맨' 고故 임성훈 씨의 모습과 음성을 완벽히 구현해서 많은 시청자에게 놀라움과 감동을 주었다. 방송 이후에도 인터넷에 올려진 해당 영상에 대한 반응은 폭발적이었고, 조회수가 2021년 6월 기준 770만 회를 상회하는 등 큰 화제를 모았다. 하지만 일각에서는 이러한 놀라운 모습을 보고 오히려 미래에 다가올 문제점을 걱정하는 목소리가 커지고 있기도 하다. 과학 기술의 발전으로 인한 오남용의 위험성이 너무나 크다는 것이다. 본인에게 동의를 받을 수 없는 상황에서 고인을

AI 음악 프로젝트
다시 한번

다시 부활시키는 이러한 시도는 합리적인 규칙이 없다면 돌이킬 수 없는 문제를 만들 수 있다는 주장이다.

그리고 인간과 거의 유사한 외모와 능력을 가진 버추얼 휴먼이 일반화될 경우를 대비한 준비가 전혀 되고 있지 않다는 것도 큰 문제다. 우리와 똑같이 생긴 가상공간 메타버스의 아바타, 즉 디지털 트윈이 만들어진다면 우리는 가상공간에서의 아바타가 현실세계의 나를 대신한다는 명확한 신원증명을 필요로 하게 된다. 만약 다른 사람이 가상공간에서 나와 똑같이 생긴 버추얼 휴먼을 만들고 나를 사칭한다면 큰 문제가 발생하게 될 것이기 때문이다. 특정인의 얼굴이나 신체를 다른 이미지와 영상에 합성하는 딥페이크 기술이 음란물에 활용되고 있는 현실을 생각해 보면, 가상공간에서의 아바타와 버추얼 휴먼에 대한 명확한 신원증명은 필수적이라 생각된다. 여기에 '탈중앙 신원증명(DID)'이라는 블록체인 기반의 기술이 해결책으로 활용이 될 수도 있을 것이다.

그리고 하나 더 생각해 봐야 할 문제가 존재한다. 인간에게 특정 서비스를 제공해 주는 버추얼 휴먼의 경우, 인간과 거의 흡사한 수준의 능력에 외모까지 비슷한 이들을 우리는 어떻게 받아들여야 할까 하는 것이다. 공상과학영화에서 이미 예견한 대로 그들에게 최소한의 인격권이 부여되어야 할까? 아무리 인간에 의해 만들어진 존재라고 해도 이들에게 욕을 하거나 폭력을 행사하는 행위가 발생할 경우 우리는 어떤 기준을 가지고 이런 문제를 판단해야 할까?

미국의 유명 드라마 '웨스트 월드West World'는 버추얼 휴먼이 '웨스트 월드'라는 이름의 테마공원에서 인간의 오락을 위해 마음대로 처분되는 세상(심지어 버추얼 휴먼의 살인도 가능한 서부 테마공원이 배경)을 보여 주고 있다.

드라마 속의 테마공원에 놀러 온 인간들은 자신이 원하는 것은 무엇이든 할 수 있다. 심지어 살인도 말이다. 드라마에서나 가능한 극단적인 상황이지만 우리는 이런 것을 용납할 수 있을까? 버추얼 휴먼은 인간일까? 아니면 그저 기계이면서 도구일까?

가까운 미래에 일어날, 이처럼 쉽지 않은 윤리적 문제에 대해 우리는 구성원들이 동의할 수 있는 규칙을 세워 두어야만 한다. 디지털 세상 속 인간에 대한 사회 구성원들의 합의가 만들어져야만 우리는 온전하게 메타버스와 버추얼 휴먼이 가져올 밝은 미래를 누릴 수가 있을 것이다. 이제 버추얼 휴먼 시대를 준비하기 위해 차분한 논의를 시작해야 할 시간이다.

5장

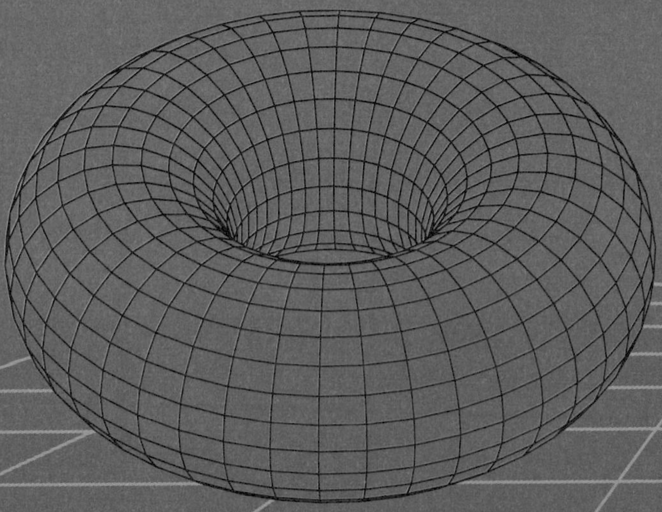

메타버스와
콘텐츠 산업의 미래

1) 메타버스는 미래세대의 인터넷이다

지금의 우리에게 인터넷은 마치 숨 쉬는 공기와 같아서 꼭 필요하지만, 그 소중함은 잘 느껴지지 않는다. 늘 있어 왔고, 앞으로도 당연하게 사용될 생활 필수품이다. 유튜브를 통해 수많은 사람들의 생각과 살아가는 모습을 알게 되고, 페이스북을 통해 온라인 친구들의 소식을 접한다. 카카오톡으로 친구와 소통하며 쿠팡으로 쇼핑을 한다. 우리의 삶은 이미 인터넷과 밀접하게 연결되어 있다. 우리는 통신 네트워크에 연결되어 살아가는 망(Network) 중독자들이다. 이렇게 이미 30년이 넘는 세월을 우리 인류는 인터넷에 의지하며 살아왔고, 앞으로도 그럴 것이다. 인터넷은 처음 세상에 선을 보인 이후에 끊임없이 진화해 오며 세상을 발전시켜 왔다. 단순 정보 전달의 시대였던 웹 1.0에서 공유와 개방 그리고 참여를 기본 철학으로 하는 웹 2.0시대로 발전했으며, 그사이에 수많은 기술적인 진보와 사회 시스템의 발전이 더해지면서 지금의 인터넷 세상을 만들었다. 그리고 스마트폰이라는 모바일 혁명으로 세상은 구석구석까지 인터넷으로 연결되어 버렸다. 이제 우리는 언어의 장벽을 넘고 문화의 벽을 넘어서 전 세계가 인터넷으로 소통하는 시대에 살고 있다.

한국은 인터넷 기술을 빠르게 받아들여 습득하고, 여기에 맞는 새로운 문화를 창의적으로 발전시켜 온 대표적인 인터넷 선진국이다. 산업화의 단계에서 기존의 선진국들보다 늦은 출발로 역사적인 시련을 겪어 왔지만, 그 고난의 시간이 준 지혜를 잘 활용하여 인터넷 시대의 강국으로 자리매김을 할 수 있었던 것이다. 그리고 이제 인터넷을 타고 우리의 문화인 'K-컬처'가 전 세계인들에게 전달되는 기분 좋은 일들이 일어나고 있다. 인터넷은 우리에게 세상의 중심으로 나서는 기회를 가져다주었으며, 우리는 그 기회를 멋지게 살려 내고 있는 것이다.

이제 메타버스로 대표되는 가상세계 인터넷, 웹 3.0의 시대가 다가오고 있다. 메타버스는 컴퓨터그래픽으로 만들어진 가상세계다. 인간의 상상력으로 창작된 콘텐츠이자, 메타버스 사용자들이 참여하여 만든 콘텐츠들로 만들어진 가상세계 플랫폼이다. 메타버스 시대의 주역이 될 미래세대들은 미래의 인터넷에 의지해서 살아가는 수동적인 객체가 아니다. 그들은 메타버스를 만들어 가는 창조자이자, 메타버스 속에서 살아가는 주민인 것이다. 그들은 메타버스 저작 도구로 가상 콘텐츠를 창작하여, 가상세계를 창조해 간다. 메타버스는 미래세대들의 선택에 의해서 그 모습이 결정되는 미완의 가상공간이다. 수많은 기업들이 메타버스 서비스를 만들어 내고 있지만, 어떤 모습의 가상세계가 미래에 펼쳐지게 될 것인지는 알 수 없다. 미래세대의 집단 무의식이 메타버스 서비스의 최종 승자를 결정하게 될 것이다. 물론 미래의 메타버스가 소수의 서비스에 의해 독과점 형태로 나타날 수도 있고, 아주 다양한 메타버스 서비스들이 공존하는 '멀티버스Multiverse'의 양상을 나타내게 될 수도 있다. 인류 역사의 교훈은 대부분의 경우에 특정 서비스가 독과점 형태를 가지는 것이 일반적이지만, 우리의 미래세대들은 다른 선택을 할 수도 있으리라.

2) 새로운 인류가 만들어 가는 메타버스 콘텐츠 생태계

새롭게 개척되고 있는 가상세계 '메타버스'에서 미래세대들은 자신들만의 콘텐츠를 창작하고, 이를 소비하는 주체이다. 메타버스 안에 참여자들이 소통할 수 있는 광장이 만들어지고, 거기에 모여 함께 공연을 즐기고, 영화도 보고, 음악을 듣는다. 메타버스는 콘텐츠 소비 플랫폼으로 진화하게 될 전망이다. 그리고 버추얼 콘서트, 버추얼 토크쇼, 버추얼 드라마 등 메타버스 안에서만 참여하여 즐길 수 있는 전용 콘텐츠가 제작되면서, 콘텐츠 제작 방식의 근본적인 변화가 메타버스로 인해 일어나고 있다. 이런 변화는 버추얼 프로덕션과 모션 캡처 등 메타버스 콘텐츠 제작 기법을 대중화시키면서 버추얼 콘텐츠 크리에이터라는 새로운 직업까지 만들어 내고 있다. 유튜브 1인 크리에이터처럼 메타버스 1인 크리에이터라는 직함이 낯설지 않은 미래가 열리고 있는 것이다. 메타버스 안에서 콘텐츠를 생산하고 소비하는 새로운 인류가 콘텐츠 산업의 미래를 혁신적으로 변화시키는 모습을 우리는 지켜보게 될 것이다.

우리가 유튜브나 페이스북 등 지금 사용하고 있는 인터넷 서비스들을 원하면 언제든 가입하고 원하지 않으면 탈퇴할 수 있듯이, 메타버스 서비스들 역시 자발적인 참여에 의해 아바타로 가상세계의 일원이 될 수 있으며 원치 않는다면 언제든 탈퇴하고 새로운 서비스로 갈아탈 수 있다. 메타버스는 가입과 탈퇴가 자유로운 가상세계로, 아바타로 참여하는 적극적인 사용자가 얼마나 많은가에 따라 그 서비스의 운명이 결정된다. 현재 가입자 2억 명을 보유하고 있는 제페토의 경우에도 사용자들에게 계속적으로 서비스를 이용해야 하는 흥미 있는 콘텐츠를 보여 주지 못한다면 언제든 가입자들이 탈퇴하고 서비스를 떠날 수가 있는 것이다. 그래서 메타버스 서비스를 운영하는 회사들은 끊임없이 좋은 콘텐츠를 보급할 수 있는 시스템을 만들고자 노력하고 있다.

메타버스 콘텐츠 생태계를 선순환 구조로 만들고자 하는 사업자들의 전략은 서비스의 성공 여부를 결정하는 가장 중요한 핵심 요소이다. 결국 메타버스 서비스의 성패는 콘텐츠 창작과 소비 시스템을 어떻게 설계하느냐에 달려 있다 하겠다. 이용자들이 자발적으로 콘텐츠를 만들어 자신을 자유롭게 표현할 수 있도록 메타버스 서비스가 설계되어야 하는 것이다. 그리고 이용자들의 창작물에 대한 인정과 보상이 제대로 이루어질 수 있는 가상경제 시스템의 구축도 필요하다. 콘텐츠 창작과 소비의 선순환이 이루어지는 생태계 구축은 메타버스 성공을 위한 제1의 필수 조건이다.

3) 메타버스라는 새로운 기회

메타버스 콘텐츠 생태계를 선순환하는 구조로 만들기 위해서는 새로운 규칙과 룰이 필요하다. 사람들은 가상세계를 이상적인 사회로 유지하기 위해서는 해결해야 할 것들이 있다는 것을 많은 시행착오를 통해 인지하게 되었다. 디지털 형태의 콘텐츠로 만들어지는 메타버스의 콘텐츠 생태계를 위해서는, 무한 복제로부터 콘텐츠 창작자를 보호해야 하는 것이 가장 시급한 숙제였다. 너무나 해결이 어려울 것으로 보였던 이 문제의 솔루션으로 채택된 것이 바로 NFT이다. 컴퓨터로 만들어지는 가상공간인 메타버스와 블록체인 기술이 만나 새로운 혁신을 창조하게 된 것이다. 이를 계기로 그동안 암호화폐의 투기 문제로 어려움을 겪고 있던 블록체인 업계의 새로운 돌파구로 NFT가 각광을 받게 되면서, 관련 블록체인 기술 업체들에게 새로운 기회의 시간이 주어지고 있다. 콘텐츠 업계 역시 새로운 기회가 NFT로 인해 만들어지고 있다. 디지털 콘텐츠의 소유권을 NFT가 보장해 줄 수 있게 되면서 디지털 아트Digital Arts 시장이 열리고 있는 것이다. 미술품의 진품이나 원본이라는 개념이 디지털 작품에서도 가능해지면서 새로운 창작의 영역이 탄생했으며, 디지털 콘텐츠 시장이라는 새로운 부가가치가 창출되고 있다. 여기에 가상 콘텐츠 창작이라는 새로운 노동 형태가 등장하였고, 관련 제품의 판매 수익으로 '버추얼 콘텐츠 크리에이터'라는 직업군까지 만들어 내면서 메타버스라는 가상세계가 현실의 삶까지 보장해 주는 상황도 생겨나고 있다.

메타버스의 필수 요소인 아바타 관련 기술들도 새로운 기회를 만들어 주고 있다. 아바타를 자신의 분신으로 생각하는 미래세대들의 취향을 저격하기 위해 아바타 관련 기술들이 빠르게 발전하고 있으며, 관련 시장의 규모 또한 점차 커져 가고 있다. 얼마나 멋진 아바타를 만들 수 있느냐가 메타버스 서비스의 성공 포인트 중 하나로 여겨질 만큼 중요하게 받아들여지고 있기 때문에, 혁신적인 아바타 관련 기술을 보유한 스타트업들은 엄청난 가치를 가진 것으로 평가받으며 승승장구하고 있다. 특히 인공지능 기술을 아바타 생성 과정에 결합시킨 스타트업들의 성장세가 눈에 띄고 있다.

엔터테인먼트 업계의 버추얼 스타 관련 프로젝트들이 메타버스의 열풍으로 높은 관심을 받으며 진행되고 있는 것도 새로운 기회를 만들고 있다. 버추얼 캐릭터에 대해 거부감을 느끼지 않으며 하나의 인격체로 받아들이는 미래세대들의 감성은 '버추얼 스타'라는 독특한 현상을 만들어 냈고, 엔터테인먼트 업계는 이러한 변화에 적극적으로 대응하며 세계 시장을 무대로 활동 영역을 넓혀 가고 있다. 때마침 불고 있는 K-POP에 대한 관심으로 한국의 버추얼 스타 관련 업체들은 더없이 좋은 기회를 만나게 된 것이다. 페이스 캡처, 모션 캡처, 퍼포먼스 캡처 등의 기술이 버추얼 프로덕션과 결합하면서 콘텐츠 제작 후반 작업의 비용과 시간을 절약해 주는 획기적인 변화가 일어나고 있으며, VR, AR, XR 기술 업체들도 호황을 누리고 있다.

지금 불고 있는 메타버스 열풍은 우리에게 새로운 기회를 만들어 주고 있다. 인터넷의 등장이 가져다준 기회를 잘 활용했던 사람들이 지금의 막대한 부와 명예를 보유하게 되었던 것처럼, 메타버스가 주는 기회가 세상을 또 한번 크게 혁신시킬 수도 있다는 생각을 필자는 하고 있다. 누군가에게는 그저 스쳐 지나가게 될 한때의 유행처럼 보이는 메타버스 열풍이, 그 누군가에게는 일생일대의 기회가 될 수도 있을 것이다. 물론 미래는 정해져 있는 것이 아니기에 메타버스 열풍은 인터넷이 보여 준 혁신과는 다르게 그저 장밋빛 전망에 그칠 수도 있으리라. 하지만 꿈꾸지 않는 사람은 미래의 주인공이 될 수 없는 법이다. '메타버스'라는 가상세계가 우리 인류에게 새로운 콘텐츠 창작의 영역을 열어 주고 있으며, 콘텐츠 산업에 커다란 변혁이 다가오고 있다. 가상세계에서 창작되고 소비될 새로운 형식과 내용의 콘텐츠가 고민되어야 하는 시간이다. 메타버스가 만들어 주고 있는 새로운 기회에 올라타서 미래를 창조해 보자.